你没想过的
小动物系列

怎么
捉住它们？

(日) 松桥利光 著

王珍珍 段赛男 译

化学工业出版社

·北京·

SONOMICHINO PURONI KIKU IKIMONONO MOCHIKATA

Copyright © 2015 Toshimitsu Matsuhashi

Original Japanese edition published by DAIWA SHOBO CO., LTD.

Simplified Chinese translation copyright © 2024 by Beijing ERC Media,Inc.
This Simplified Chinese edition published by arrangement with DAIWA SHOBO CO.,
LTD.Tokyo, Through Shinwon Agency Co.

本书中文简体字版由 DAIWA SHOBO CO., LTD. 授权化学工业出版社独家出版发行。
本书仅限在中国内地（大陆）销售，不得销往中国香港、澳门和台湾地区。未经许
可，不得以任何方式复制或抄袭本书的任何部分，违者必究。

北京市版权局著作权合同登记号：01-2024-3936

图书在版编目（CIP）数据

怎么捉住它们？／（日）松桥利光著 ；王珍珍，
段赛男译 . -- 北京 ：化学工业出版社，2024.8
（你没想过的小动物系列）
ISBN 978-7-122-45640-3

Ⅰ.①怎… Ⅱ.①松…②王…③段… Ⅲ.①动物 -
儿童读物 Ⅳ.① Q95-49

中国国家版本馆 CIP 数据核字（2024）第 096832 号

责任编辑：郑叶琳　　　　　　　　　　文字编辑：张焕强
责任校对：李露洁　　　　　　　　　　装帧设计：刘丽华

出版发行：化学工业出版社
　　　　　（北京市东城区青年湖南街 13 号　邮政编码 100011）
印　　装：盛大（天津）印刷有限公司
880mm×1230mm　1/16　印张 7½　字数 70 千字
2024 年 9 月北京第 1 版第 1 次印刷

购书咨询：010-64518888　　　　　　售后服务：010-64518899
网　　址：http://www.cip.com.cn
凡购买本书，如有缺损质量问题，本社销售中心负责调换。

定　　价：59.80 元　　　　　　　　　　　　版权所有　违者必究

前 言

　　即使是养育多年的宠物，身体不适时也会咬人。即使你按照往常的步骤去抓身边的那只蜥蜴，它也有可能因为身体发生意料之外的移动，而从你意想不到的方向发起攻击。如果没有感受到敌意，就是有毒的虫子，也不会攻击人类。如果捉持方法不恰当，即使是动物图鉴上用温顺一词描述的某类蛇，也有可能咬上来⋯⋯

　　这是因为物种不同，而且不同的个体还会有其特有的习性。无论你多么有经验、多么有胆量、多么有耐心、多么有知识，你所面对的都不是某一物种的概念，而是具体的某个个体！

　　重要的是，你要收集此刻所能获取的一切信息，包括动物的身体结构、特征、运动能力、姿势、声音、气味，甚至是所谓的杀气等，进而预测其行动。

　　作为与动物共存的人类，"在确保自身安全的同时，能巧妙地抓起动物又不会伤它们分毫"的捉持方法是我们永恒的追求⋯⋯

动物摄影师　松桥利光

本书的使用方法

本书由经常与动物接触的专家撰写，介绍了他们亲身研究、实践得来的动物捉持方法。这些方法既不会给动物带来无谓的伤害，又不会使抓它们的人受伤。但是即使如此小朋友也不可以独自去尝试，一定要和家人一起在确保安全的情况下使用书中的方法。

1 如果你是一名初学者

那么请你通读这本书。如果其中有自己曾经见过的动物，就在相应部分做上标记，反复仔细阅读，并记住捉持方法。这样，当你再次遇到这种动物时，就一定能鼓起勇气挑战它。我建议你平时随身携带这本书，这样，即使是初次遇见的动物，你也能正确应对。

2 如果你是一位"老手"

那么无论你是否对本书感兴趣，都请从头到尾看一遍本书的所有内容。当你对所有动物的捉持方法有了大致的了解之后，就可以开始思考这些方法与此前自己所使用的方法有哪些不同。面对初次接触的动物时，请先直接使用本书中所介绍的捉持方法。然后再尝试一下自己的方法，进而判断哪种方法更适合你、哪种方法对你和动物都更安全。其实，哪种方法更便捷，哪种方法就更适合你。你不必被自己一贯的操作方式或这本书束缚。你的捉持方法如同你所走过的路，不应该被别人左右……

3 如果你是一个 "坚决不碰动物主义者"

那么还是请你先从头到尾读一遍，然后把这本书放进自己的包里。如果你在路上遇到为了抓住某种动物而伤透脑筋的人，请把这本书推荐给他。这样，即使你不能亲自上手，也可以成为动物捉持方法的"传教士"！

1 身边的动物

2 冷门宠物

3 萌宠小动物

4 爬行动物

动物摄影师
松桥这样做！

现在的小学生，很少主动去抓某种动物。

这也是没办法的事。

因为从小就没接触过大自然和动物的那一代人成为了父母，他们经常会告诉自己的孩子："危险，不能碰！"

这种做法多少有些可惜。

我并不是说我们要像即将登场的动物专家们一样，可以用手去抓任何动物，但至少能抓起身边的动物也不错吧！

所以，我想先介绍一下如何捉持我们身边的动物。

松桥利光简介

起初在水族馆工作，之后改行成为一名动物摄影师，拍摄生活在水边的野生动物、水族馆和动物园里的动物以及不寻常的宠物等，此外还从事儿童书籍的制作。

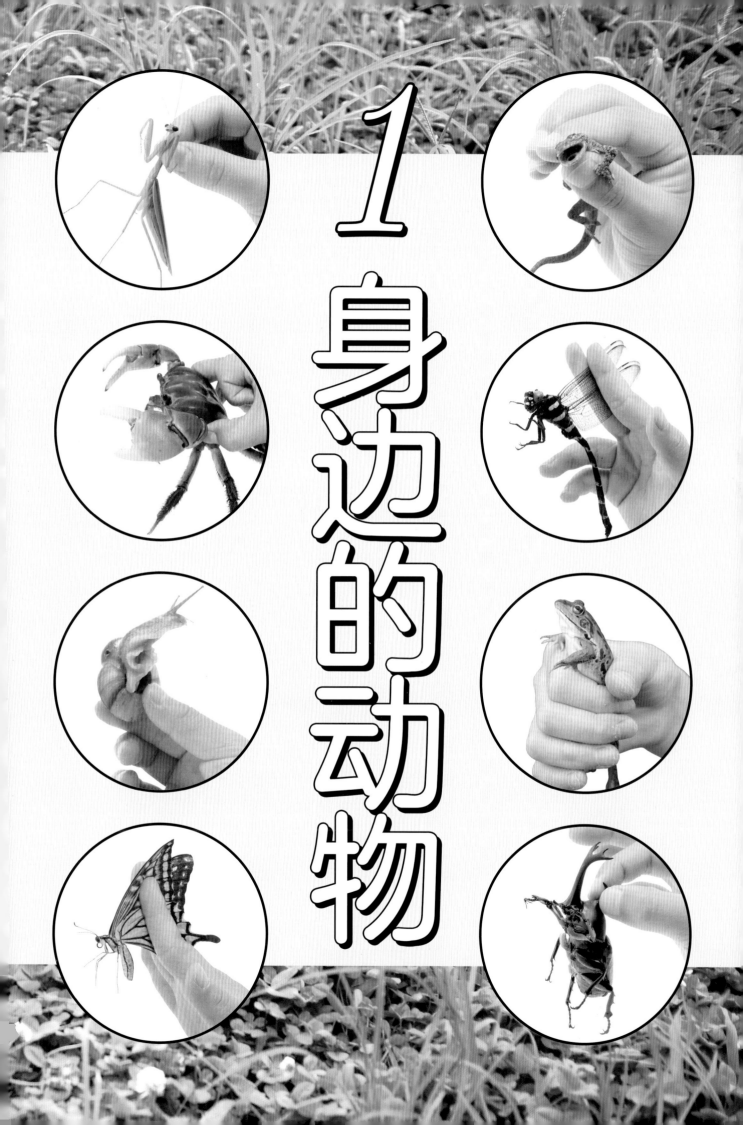

1 身边的动物

独角仙

捏住小角

小·档案

体长　5cm
栖息地
6 ~ 9月常聚集在流出树
液的树上，晚上则经常被
灯光吸引而落在纱窗上。
饲养简单且很快就能产卵，
适合饲养观察。

一场让昆虫们互相争斗的奇特活动正在进行，虽然高加索甲虫等国外品种身量突出，但日本的独角仙也不容小觑。看到身材矮小的独角仙与来自国外的"大块头"顽强战斗的样子，许多孩子都会为它们呐喊助威。

独角仙在日本十分常见，除了大森林之外，在市中心的公园等环境适宜的地方也能看到它们的身影。到了晚上，它们还会飞到家里的纱窗上（雌性居多），盘旋在路灯周围，或是落在营地的照明灯上。只要是男生应该都养过独角仙吧。

有角突的独角仙自然谁都可以抓住，那面对没有角突的雌虫时该怎么办呢？

这样抓！

雌虫头胸均无角突，所以要抓其翅膀的两侧。

让我们来试试吧

对于雄性独角仙，大家一眼就能看到那个适合去抓的"小角"。较大的角长在头部，主要用于战斗，因而活动范围较大，而较小的角固定在前胸，所以更容易捉持。那没长角突的雌虫该怎么抓呢？

雌虫很难抓住。我们一般会抓它们翅膀的两侧，但这个部位很滑，所以很容易让它们逃脱。在这种情况下，你可以捏住它们腹部下方和翅膀上方。虽然被爪子钩到会很痛，但这样可以防止它们滑落下来。

锹形虫

瞄准"眼侧"

锹 形虫有着跟跑车一样迷人的外形，也有着动不动就威胁对方的攻击型性格。它们还很有收藏价值，如果一个成年人在森林里认真寻找，大约可以找到5个不同的品种。锹形虫承载着男性的情怀，大人和小孩都被其深深吸引。正因为锹形虫如此迷人，所以我们抓它时才想要保持帅气和冷静。那么，我们该怎么做呢？

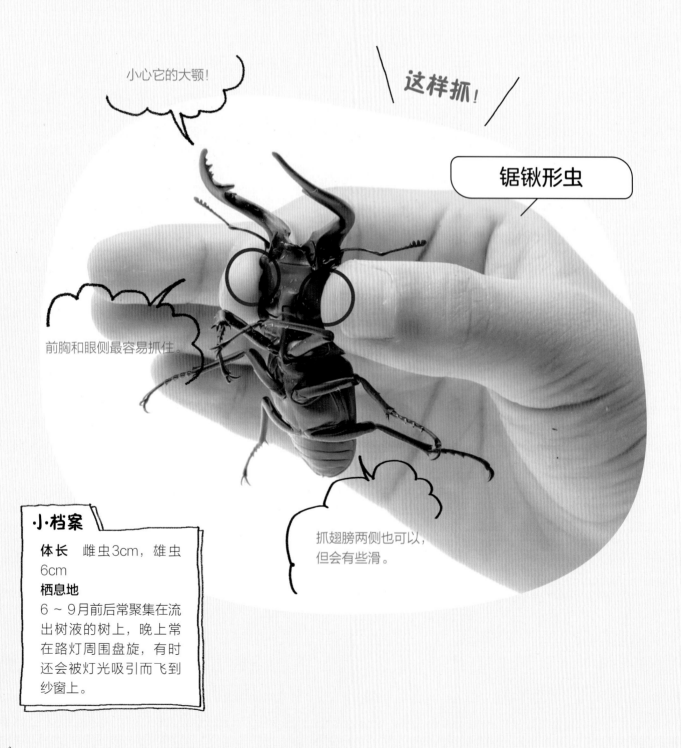

小心它的大颚！

这样抓！

锯锹形虫

前胸和眼侧最容易抓住。

抓翅膀两侧也可以，但会有些滑。

小·档案

体长 雌虫3cm，雄虫6cm

栖息地

6～9月前后常聚集在流出树液的树上，晚上常在路灯周围盘旋，有时还会被灯光吸引而飞到纱窗上。

4

大锹形虫

大锹形虫的大颚短而有力，被夹到的话会非常痛！

这样抓！

小心大颚，要抓两侧

各种锹形虫的捉持方法基本一致。一般用手指从背面捏住其前胸或头部两侧即可。在它们没有"勃然大怒"并摆出攻击姿态的情况下，从正面捏住其前胸或头部也没问题。

翅膀两侧靠近前胸的位置较易抓住。

我可不是巴尔坦星人！

小·档案

体长 雌虫4cm，雄虫7cm

栖息地
6～9月前后经常藏在树叶间隙，很难找到。

体型越大脚爪越尖，被扎到会很疼。

天牛
用手指捏住翅膀两侧

大小"通吃"

因为天牛的身体有些滑，且有的品种前胸有刺，所以抓前胸的方法并不适用于所有天牛。我们可以用手指捏住其翅膀两侧，这样既不会被咬到，又能抓住各种大小的天牛。虽然白条天牛等被抓住时会发出很大的咯吱声，但这只是虚张声势，不必害怕，一定不要手滑哦。

这样抓!

这里有刺，不小心扎到会很疼。

从两侧捏住它硬硬的翅膀。因为很滑，所以它一挣扎就赶快放开，不要勉强!

眼 睛像戴着墨镜，牙齿又大又硬，体型圆长，体格健壮……酷！太酷了！如此酷炫的甲虫——天牛在森林公园、乡村和夜晚的路灯旁都很常见，所以你一定有机会遇到它们。可天牛有大有小，种类繁多，仔细一看，你还会发现它们牙齿尖锐，身体带刺，而且随时准备飞走，非常难抓到。那我们该怎么办呢？

小·档案

体长 6cm
栖息地
6～8月天气炎热时会飞到大门口的路灯处等。

侧面

戴着"墨镜"的帅气侧脸。这副"墨镜"是由多个小眼集合而成的复眼。

正面

这上颚（牙齿）短而锋利，被咬到的话会非常痛。

我可不想被这上颚咬到。

7

蚱蜢

抓前胸"坚硬"部位的两侧

体长 雄虫5cm，雌虫9cm

栖息地
7 ~ 11月生活在大片的草丛里或河滩上。

这样抓！

中华剑角蝗

胸部很硬，抓住这个部位两侧即可。

一般抓前胸附近

蚱蜢身上最硬的地方在其翅膀根部、前胸附近。一般来说，我们用手指捏住其前胸两侧即可。抓的时候力度要适中，拇指和食指不要太过用力。这种方法适用于中华剑角蝗和亚洲飞蝗等体型较大的蚱蜢类。

这长腿猛地一踢，比想象中疼啊！

蚱 蜢、蝈蝈、蟋蟀等生活在草丛、河滩、庭院、公园等各种地方。各种品种的小家伙们近在眼前，手不知不觉就伸出去了……可如果你抓错了部位，就可能被它们咬到，或是手里只剩下一条脱落下来的后腿，又或者会被它们身上的尖刺扎痛。总之，它们非常难对付。

如果用网捕的话，套住后要先把它赶到网的一角，看清要抓的部位后再下手。

虽然这个部位很硬，但是会动，所以不建议抓这里。

轻轻捏住它们后腿的关节处即可。

这样抓！

它们是杂食性昆虫，被咬到的话会非常疼！

帝蝈螽

禁止抓脚

不要抓它们的脚，否则会有脱落的风险。如果实在不知道应该抓蝈蝈等昆虫的哪个部位，可以把它们的两个后腿并拢，一并抓住。这种方法不仅适用于蝈蝈这类会咬人且难以判断该抓哪一部位的昆虫，还适用于所有种类的蚱蜢。

小档案

体长 约3.5cm
栖息地
7～10月多生在河滩和草丛，常在结实的草地上鸣叫。

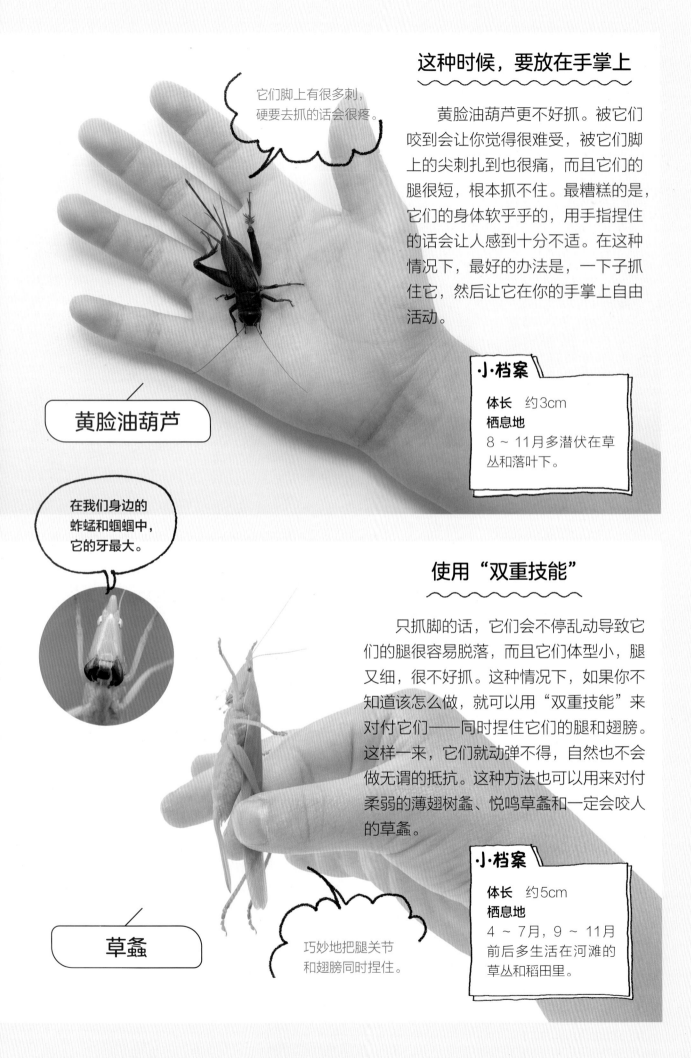

它们脚上有很多刺，硬要去抓的话会很疼。

这种时候，要放在手掌上

黄脸油葫芦更不好抓。被它们咬到会让你觉得很难受，被它们脚上的尖刺扎到也很痛，而且它们的腿很短，根本抓不住。最糟糕的是，它们的身体软乎乎的，用手指捏住的话会让人感到十分不适。在这种情况下，最好的办法是，一下子抓住它，然后让它在你的手掌上自由活动。

小·档案

体长　约3cm
栖息地
8 ~ 11月多潜伏在草丛和落叶下。

黄脸油葫芦

在我们身边的蚱蜢和蝈蝈中，它的牙最大。

使用"双重技能"

只抓脚的话，它们会不停乱动导致它们的腿很容易脱落，而且它们体型小，腿又细，很不好抓。这种情况下，如果你不知道该怎么做，就可以用"双重技能"来对付它们——同时捏住它们的腿和翅膀。这样一来，它们就动弹不得，自然也不会做无谓的抵抗。这种方法也可以用来对付柔弱的薄翅树螽、悦鸣草螽和一定会咬人的草螽。

小·档案

体长　约5cm
栖息地
4 ~ 7月，9 ~ 11月前后多生活在河滩的草丛和稻田里。

草螽

巧妙地把腿关节和翅膀同时捏住。

螳螂

不要对草丛里的螳螂掉以轻心

螳螂的体型干练帅气，示威时眼神犀利，魅力十足。遇到它时，你会产生各种各样的想象，比如，要是它和猫一样大，那人可能都无法打败它，又或是如果它像人一样大，那征服世界也不是梦啊。

来吧，跟它一决胜负！

将其纤细的胸部及关节同时捏住，可以抵挡它的一切攻击。

因为它的关节很软，所以会做出小小的反抗。很疼！

控制关节

螳螂会针对你手的动作敏捷地用镰刀进行攻击，所以你要像拳击手躲避对方的重拳一样，声东击西，左右穿梭，一边巧妙地躲避镰刀，一边从后面捏住它的胸部（细的部分）。有些棘手的是，镰刀处的关节相当柔软，如果你抓错了部位，就会被镰刀夹到。不过，只要抓住镰刀的根部就可以避免这种情况，而且还不会被咬到。

窄翅螳螂

这样抓！

11

蜻蜓

瞄准翅膀，小心谨慎

说 到蜻蜓，想必大家都尝试过一种捕捉蜻蜓的方法——用手指由远而近地在它眼前不停地画圈。那么有多少人成功抓到了呢？

如果能离它更近的话，我们可以看着它的眼睛，慢慢地从下面把手伸到其身后，然后从斜前方或斜下方以迅雷不及掩耳之势将其握在手心里！这种方法是最有效的。抓住它之后，我们必须迅速切换到正确的拿法，否则就会被咬。

闪绿宽腹蜻

黑纹伟蜓

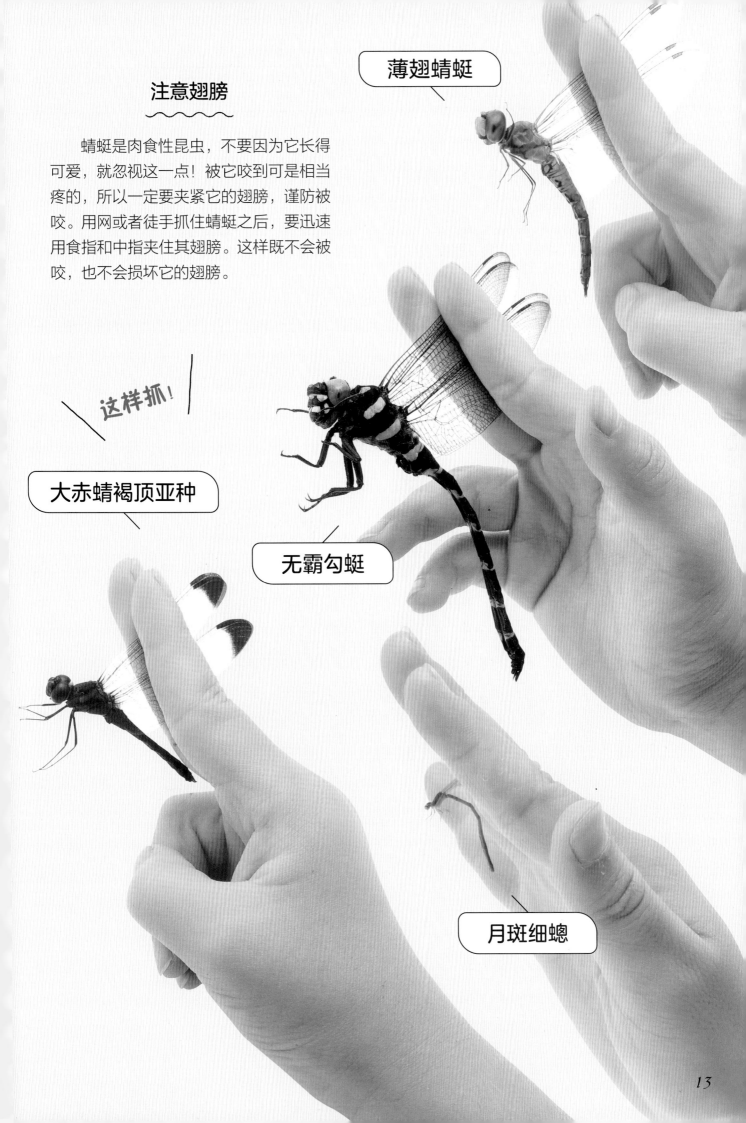

注意翅膀

蜻蜓是肉食性昆虫，不要因为它长得可爱，就忽视这一点！被它咬到可是相当疼的，所以一定要夹紧它的翅膀，谨防被咬。用网或者徒手抓住蜻蜓之后，要迅速用食指和中指夹住其翅膀。这样既不会被咬，也不会损坏它的翅膀。

薄翅蜻蜓

这样抓！

大赤蜻褐顶亚种

无霸勾蜓

月斑细蟌

蝴蝶

它们身上的"粉"非常重要

蝴蝶外表色彩斑斓，光鲜亮丽，飞舞起来轻盈灵气，大家一定觉得很容易就能抓住它们吧？但事实上，抓蝴蝶可是件十分棘手的事！

它们总能轻易地避开捕网，然后就轻飘飘地飞走了。想不到还得熟练使用捕网才行……

让捕蝶工作变得棘手的正是它们身上的"粉"。蝴蝶身上的"鳞粉"除了能组成各种花纹，还有很多其他的作用。比如当不小心落入蜘蛛网时，它们抖落一些鳞粉便可以逃脱；当遇上小雨时，它们的鳞粉可以起到一定的防水作用等。

捕到蝴蝶后，不论是要做成标本还是要放生，我们都要像这样夹住蝴蝶的翅膀，以防鳞粉脱落。

金凤蝶

柑橘凤蝶

尽量不要弄掉蝴蝶翅膀上的鳞粉

　　鳞粉是蝴蝶的"生命"。最好的方法是用食指和中指夹住其翅膀，以防鳞粉被粘离。如果用指腹等容易分泌油脂的部位去抓，很容易粘到鳞粉，而且有时还会下意识地揉搓，可千万不要这样哦。

这样抓！

青凤蝶

红衣蝶

德罕翠凤蝶

菜粉蝶

水生昆虫

千万不要被刺伤

随着水生昆虫变得越来越稀有，我开始觉得我们必须要好好保护它们。但它们可是会用口器刺入猎物身体、吸食体液的家伙，被它们蛰到手也会很疼……我有点不知道该怎么上手。

基本原则——温柔

为了不被咬到，我们要用食指和拇指去抓它们身体上容易被捏住的部位。日本田鳖的翅膀和身体都很坚硬结实，一般可以从两侧去抓；日本红娘华体型扁平，上下捏住即可，抓日拟负蝽等时也可以采用这种方法；抓中华螳蝎蝽的方法也是一样，但因为它们的身体很细，所以不能用力过猛。仰泳蝽体型很小，用手很难抓住，需要使用捕网等工具。不论是哪种水生昆虫，都要注意控制力度哦。

仰泳蝽

连水一起捧起来会很安全，但一旦水漏光手就会被蛰，所以最好还是不要使用这种方法。

这样抓！

身体比较坚硬，可从两侧抓住。

从两侧捏住这个部位。

它的嘴很大，被咬到会特别疼。

日本田鳖

这样抓！

小·档案

体长　6cm

栖息地

5～8月，常见于某些地区的稻田中，但现在可以看到它们的地方正在逐渐减少。

16

小·档案

体长 约3cm
栖息地
5～9月，常见于稻田和水坑之中。

小·档案

体长 约5cm
栖息地
4～9月，常见于稻田、水坑、池塘等静水区。

17

克氏原螯虾（小龙虾）

注意虾钳，从背后出击

作 为一个外来入侵物种，它们有时会被看作"害虫"，但在教孩子如何饲养和对待动物上，小龙虾可是最佳选择。因为它们不但颜色鲜红，外形帅气，而且生命力顽强，易于饲养。顺利的话还可以观察到它们产卵、孵化、生长的全过程。

它们的虾钳坚硬而锋利，要是不知道正确的拿法，可是很容易受伤的哦！

克氏原螯虾

这样抓！

从两侧捏住它的硬壳。

大虾钳夹人可是很疼的，要小心哦。

小·档案

体长 约12cm
栖息地
常见于河流静水区、沟渠、稻田、池塘和沼泽等地。

蝲蛄

虾钳虽小，但夹人很痛。

这样抓！

千万别被夹，夹住会很疼！

如果它腹中有卵，请马上把它放回水里。

抓小龙虾的时候，唯一需要注意的就是别被虾钳夹到。基本上只要迅速从背后捏住它的硬壳就大功告成了。因为这样它的钳子就够不到我们的手了。抓钳子大的龙虾无须多虑，但抓钳子小的龙虾时可要小心一些，因为它们的小钳子很可能会夹到我们的手指。

螃蟹

最厉害的"椰子蟹"最危险

底栖短浆蟹

作为梭子蟹的好朋友，它的钳子夹人也很痛！

最强蟹钳的力量不容小觑，千万不要被夹到！

椰子蟹

用三根手指抓住它，而且要牢牢控制住它的蟹钳。

只要将它的第一对步足从背后抓住，就不用担心会被蟹钳夹到啦。

这样抓！

小·档案

体长　40cm
栖息地
热带地区和部分亚热带群岛海岸，时常爬到马路上。

小·档案

体长　7cm
栖息地
珊瑚礁或岩礁浅水中。

海里、河里有各种各样大大小小的螃蟹，它们奔跑的速度之快可以充分唤醒人好奇的本能，我们不知不觉就会追它们追到忘乎所以。面对这样的对手时，我们一定要小心。如果无法快速做出正确的判断并毫不犹豫地迅速抓住它们，就会错失良机，甚至可能会因被那坚硬锋利的蟹钳夹到而体会到前所未有的疼痛。

毛足圆盘蟹

从两侧抓住即可。

这样抓！

动作虽慢，但夹力
很强，千万要小心！

·小·档案

体长　10cm
栖息地
日本、夏威夷、中国台
湾等海岸线的公路上。

这样抓！

汉氏泽蟹

体型小，不好拿。
从两侧抓住最安全。

小心锋利的蟹钳！

　　抓起螃蟹的基本方法就是用拇指和食指夹住蟹壳的两侧。不论是大螃蟹还是小螃蟹，都可以用这种方法去抓。但抓底栖短桨蟹等凶猛、攻击性强的螃蟹时就不能采用这种方法了。它们会疯狂地想要从你手中逃脱，如果你还不放手，它们就会试图用壳和腿夹住你，并在你受到惊吓时用蟹钳威胁你。在这种情况下，我们只能采用"3点法"——用拇指、食指和中指紧紧捏住蟹壳下方和两只蟹钳。不过最危险的还是椰子蟹……如果被椰子蟹夹住，不夹到出血它们决不会罢休。椰子蟹是一种寄居蟹，由于它们没有甲壳，我们很难判断该抓哪个部位。但其实很简单，只要将它钳子后的那对脚（第一对步足）从背后牢牢抓住，就不会被钳子夹到啦。

·小·档案

体长　3cm
栖息地
河滩等靠近水流的地方
的石头下面。

蜗牛和蛞蝓

大触角上有眼睛哦

因为蜗牛身上总是"黏糊糊"的，所以有很多人会觉得它们恶心。但蜗牛应该是我们在日常生活中最常遇到的动物之一吧！

院子里的蛞蝓该怎么办呢？孩子说想养蜗牛……

遇到这种情况，再讨厌也得上手，那么让我们一起来学习一下蜗牛的捉持方法吧。

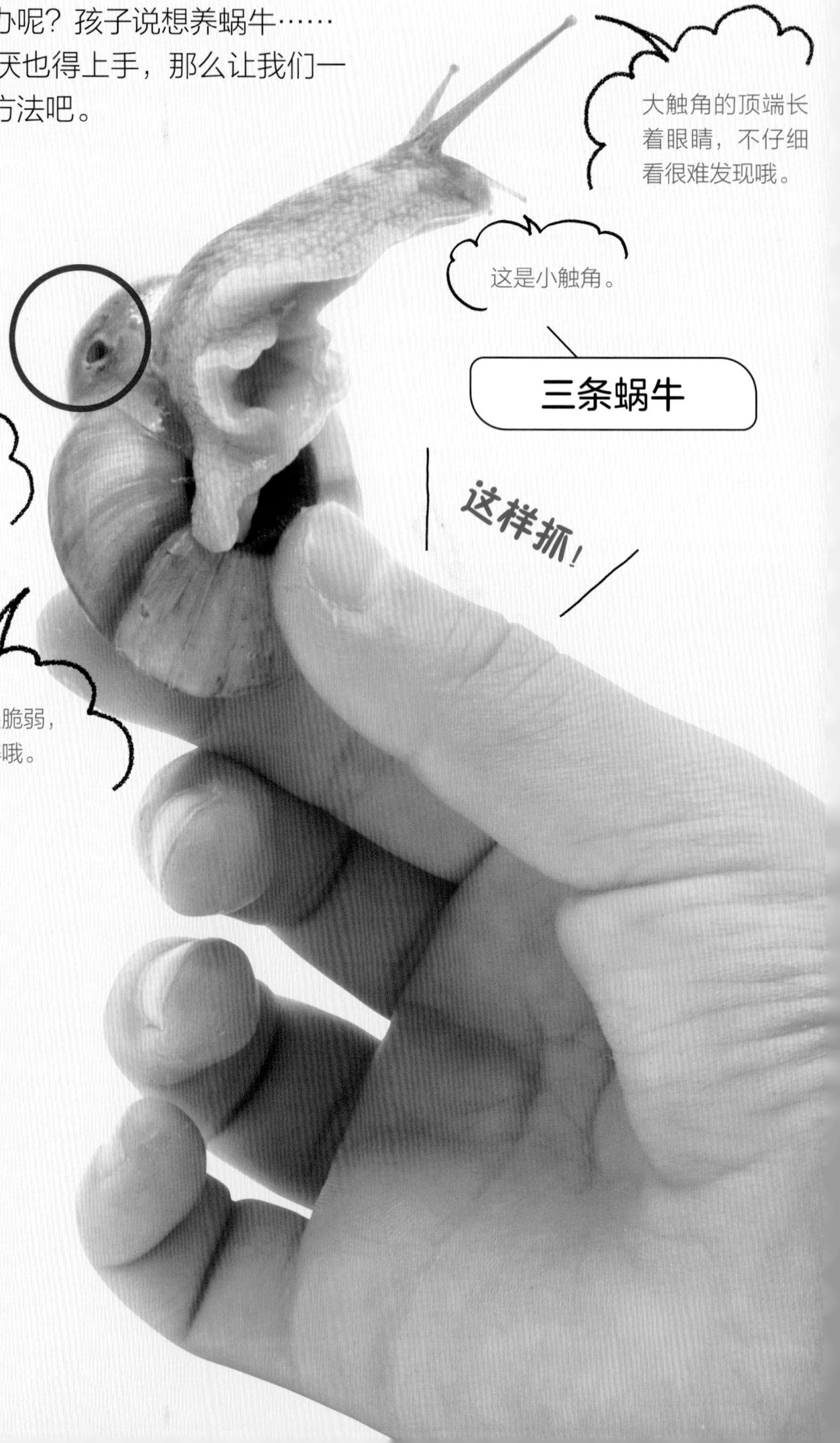

大触角的顶端长着眼睛，不仔细看很难发现哦。

这是小触角。

三条蜗牛

这样抓！

呼吸孔在这里！

它的外壳很脆弱，可不要捏碎哦。

小·档案

体长 约4cm

栖息地
4 ~ 10月，常见于雨后的树叶和水泥墙上。

这样抓！

瓦伦西亚列蛞蝓

用一次性筷子……
可不要放进嘴里哦。

小·档案

体长　约5cm
栖息地
常年生活在花盆下面。

一分泌黏液，就别想抓住它

　　抓蜗牛时，用拇指和食指轻轻捏住其外壳即可。不过蜗牛的壳比较薄弱，拿的时候要稍微注意一下力度。蜗牛爬行时会分泌黏液，如果壳上粘到就会变得很滑，所以当蜗牛伸长了身体快要碰到你的手时，你可以轻轻晃动它的身体，让它在分泌黏液之前就缩回去。而蛞蝓就像是没有壳的蜗牛，表面滑溜溜的，用手指很难抓住。这时，我们就要用到一次性筷子了。因为包漆的筷子或是金属筷子表面太过光滑，用来夹蛞蝓又有些可惜，所以用过的一次性筷子再合适不过了。

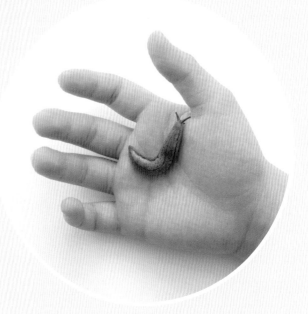

　　生活在山上的蛞蝓可以长到10cm左右，用筷子夹也不太方便，所以只能放在手掌上……不，其实也没有必要非去勉强自己哈。

一旦蛞蝓运动时它们会变得滑溜溜的，用一次性筷子也是夹不住的哦。

23

蛙

可爱，但有毒

在 森林里、河里或是在稻田里，遇到青蛙就会很开心。但它们的动作十分敏捷，很难抓住，而且皮肤又薄，体型又小，总觉得一不小心就会把它捏扁，是不是很吓人！也有人会说"青蛙对温度很敏感，人手的热量可能会烫伤它们"，可是在烈日下睡在树叶上，或是在人摸起来都会觉得烫的水洼中生活的蝌蚪，不都在健康地成长着吗？当然，如果长时间地用手抓着，或是拉扯、碾压，肯定会弄伤它们。不过，你可以不用那么小心翼翼，先试试看！

蟾蜍

耳后腺会分泌有毒浆液，千万不要碰！

这样抓！

不擅长跳跃，但经常爬行，所以腿部力量很强。

小·档案

体长 约15cm
栖息地
4～11月，大到森林，小到民宅庭院，都能看到它们的身影。

蟾蜍也是有毒的哦

蟾蜍眼后的耳后腺属有毒腺体，当遇到敌害或受到刺激时，就会分泌出有毒的白色浆液。它们的背部也可以分泌这种白色浆液，所以抓蟾蜍时要抓其腰部，尽量避开这些会分泌毒素的部位。如果它们不断挣扎，就用手掌包住它们的后腿，这样就可以稳稳抓住它们啦。

粗皮蛙

轻捏腋下

大多数情况下，只要轻轻捏住腋下，粗皮娃就会束手就擒，放弃挣扎。这个方法适用于所有蛙类，但是很容易抓不稳，所以最好不要经常使用。

小·档案

体长　约4cm

栖息地

4 ~ 10月，喜生活于水渠或溪流等有水流的地方。

东京达摩蛙

严防跳跃

东京达摩蛙、黑斑侧褶蛙和林蛙的跳跃能力非常出色，如果没有用对方法，它们就会疯狂挣扎。它们一挣扎，就很可能会受伤或是掉下来，因此我们必须用手牢牢控制住它们的腰部和后腿，以防它们挣扎跳跃。

小·档案

体长　约6cm

栖息地

5 ~ 9月，喜生活于湿地及稻田周围。

雨蛙

双手包住

雨蛙经常伏在叶子上面。抓它们时，首先要轻轻地靠近，然后用双手包住雨蛙及其所在的整片树叶，感觉到它移动到手上之后，再轻轻地让叶子抽走。诀窍就是用双手虚拢住，并尽可能留出一些空间。除了雨蛙，这种方法还适用于树蛙和各种小青蛙。

小·档案

体长　约4cm

栖息地

4 ~ 11月，多见于稻田周边的草丛等草地上。

蜥蜴

早上，在它们速度变快之前出手

庭院等房屋附近的地方经常有蜥蜴出没，很想抓到一只，却总是因为它们速度太快抓不住……这种情况经常发生吧。但其实这个问题找对时间就可以解决。蜥蜴早晨晒过太阳后体温会升高，行动速度会变快，所以要在这之前就出手，也就是说，要抓住它们出来晒太阳这个时间段——春天或秋天的9点左右，以及夏天的7点左右。首先，要观察一下它们什么时候"现身"。蜥蜴、草蜥或壁虎遇到危险时都会断尾逃生，所以一定不要碰到它们的尾巴！

抓壁虎要在晚上行动

壁虎通常生活在墙壁间或屋檐下，到了晚上，为了捕食门口或窗户灯光附近的蚊虫才会出来活动。当你发现了一只壁虎，要先悄悄靠近它，然后像抓蜥蜴一样迅速抓住它。因为壁虎体背腹扁平，所以不能抓它身体的两侧，而是要用手指上下捏住靠近头部的地方，注意不要用力按它的喉咙哦。

多疣壁虎

这样抓！

小·档案

体长 约12cm
栖息地
5～10月，常见于老旧民宅或公园卫生间等屋外的灯下。

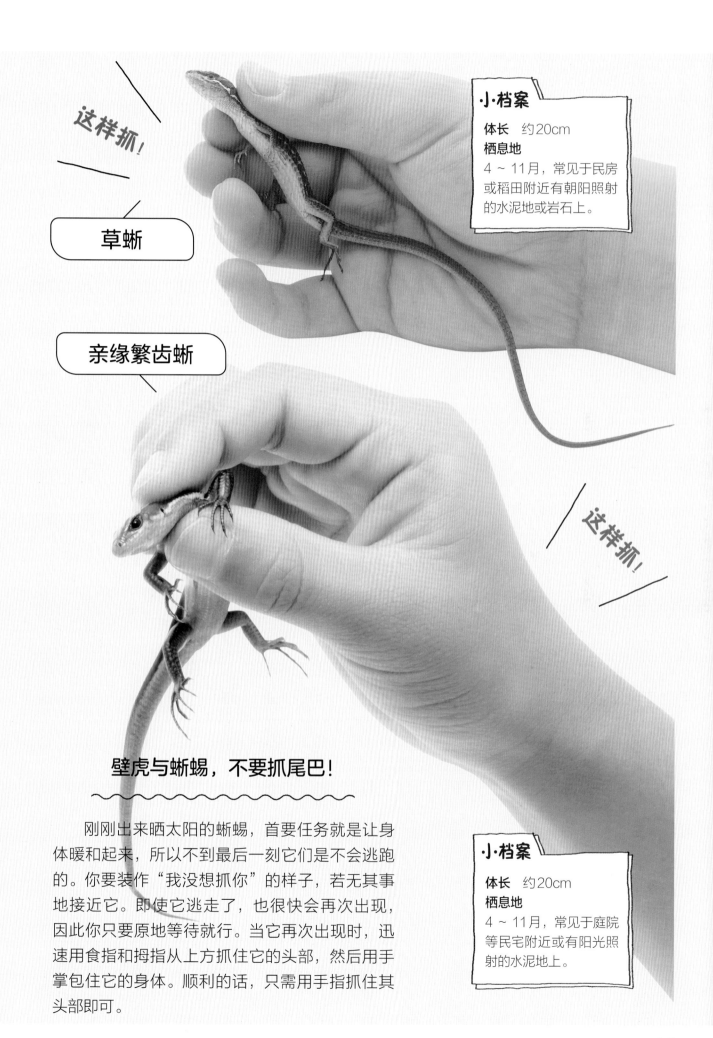

这样抓！

草蜥

小·档案

体长　约20cm
栖息地
4 ~ 11月，常见于民房
或稻田附近有朝阳照射
的水泥地或岩石上。

亲缘繁齿蜥

这样抓！

壁虎与蜥蜴，不要抓尾巴！

　　刚刚出来晒太阳的蜥蜴，首要任务就是让身体暖和起来，所以不到最后一刻它们是不会逃跑的。你要装作"我没想抓你"的样子，若无其事地接近它。即使它逃走了，也很快会再次出现，因此你只要原地等待就行。当它再次出现时，迅速用食指和拇指从上方抓住它的头部，然后用手掌包住它的身体。顺利的话，只需用手指抓住其头部即可。

小·档案

体长　约20cm
栖息地
4 ~ 11月，常见于庭院
等民宅附近或有阳光照
射的水泥地上。

身边的动物

蛇

有毒，要小心

有的蛇是有毒的，比如日本蝮、虎斑颈槽蛇等，所以在野外遇到蛇时，需要特别小心。远离未知的物种是最明智的选择。但如果可以判断出是哪一类蛇的话，大家是不是都想抓一下试试呢？

尝试去抓一下才能感受到蛇的魅力哦！

这样抓！

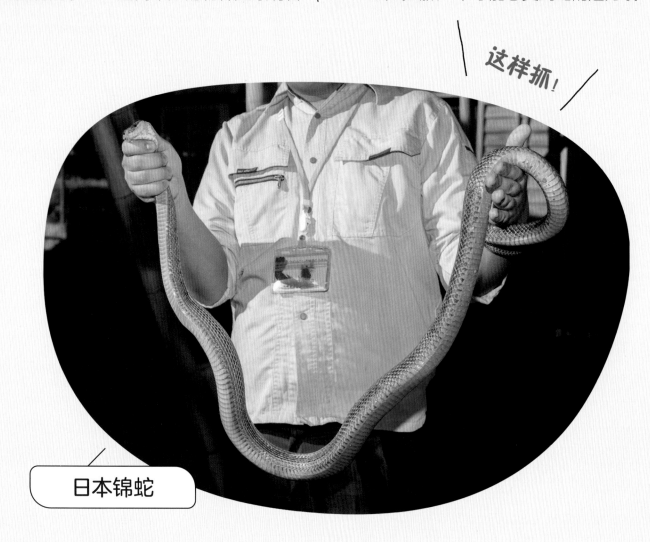

日本锦蛇

不是所有的日本锦蛇都性格温顺

大家都说日本锦蛇虽然体型很大（成年后体长可超过2m），但性格温顺。可是我被它们咬过很多次。在野外被蛇咬到可能会引起各种各样的问题，因此要把它们都当作会咬人的蛇来对待，从上方迅速抓住其头部，然后将它的尾巴搭在胳膊上。

小·档案

体长 约180cm
栖息地
4 ~ 10月，常见于私人住宅附近，也时常在阳光明媚的早晨出来晒太阳。

这里再介绍一种毒蛇——
虎斑颈槽蛇

小·档案

体长 约120cm
栖息地
稻田等常有青蛙出现的
地方。

虎斑颈槽蛇是在稻田等人类聚居的地方最常出现的"毒蛇"。它们虽然性格温顺，从来没咬过我，但是毒性很强，所以绝对不要去抓它们。不过我还是会抓的，只是抓的时候会捏住它们的头部，以防被咬。

这样抓！

虎斑颈槽蛇

步骤 抓小蛇时

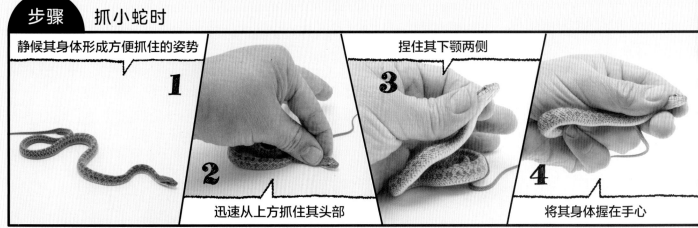

静候其身体形成方便抓住的姿势

1

2

迅速从上方抓住其头部

捏住其下颚两侧

3

4

将其身体握在手心

抓野外遇到的动物之前

当你想要抓住在野外遇到的某个动物时，最重要的是，要先判断出它是否是一种即使被抓也不会狂躁的动物。然而，如果不是对动物颇有研究或是从事相关工作，我们很难牢牢记住那么多动物的信息。而且即使是专业人士也会有马失前蹄的时候，就像采蘑菇的专家有时会误触或误食毒蘑菇一样。在这种情况下，我们要果断地做出决定，不要去触碰自己没见过或者不了解的动物……这也是一种勇气。

作为一名动物摄影师，我接触过各种各样的动物，但除非是必要的情况，比如需要在摄影棚中进行拍摄，否则我是不会特意去抓它们的。不认识的动物更是绝对不会碰！这既是为了保护自己，也是为了不给同伴添麻烦。

下面，让我们来回想一下"在某座岛上，同伴被毒蛇咬伤的情况"吧！

刚上岛的几个小时，我们两个人高兴地拍摄着我们找到的那些蛇，接着就到了一个公园。在这里，我们决定分头行动，各自去寻找其他动物。没过多久，远处传来一声呼唤："松——桥——"

然而，我正专注于拍摄，并未理会。

过了一会儿，我回到了车上。"我刚刚发现了一条蛇，想着你看到它一定很高兴，就想抓住它，但不小心被咬了一口。"同伴说道。

"是吗？你找到了一条可爱的家伙呀！让你被咬真是不好意思。"说完我才发现，她的右手抓着的竟是一条巨大的日本蝮！

对此我十分确定，于是赶紧说道："那是一条日本蝮，快把它扔得远远的！"然后迅速从我的相机包里拿出一个毒液吸取器。我顺利地从她的伤口里吸出了血，但感觉并没有吸出毒液。啊！从她喊我的名字到现在已经超过10分钟了……这可不行！得马上去医院！去地图上离得最近的医院也要20分钟的车程！我急忙赶往医院，赶到后才发现它竟然已经关门了！去另一家医院还要再花半个小时。这下糟了……

"没什么事，别害怕，马上就到医院了！"我一边安慰着害怕得快要哭出来的同伴，一边"疯狂飙车"，用20分钟开到了医院……但是，距离她被咬伤已过了将近一个小时，现在连她的肩膀都肿起来了！！

虽然训了我们一顿，但医生还是马上把她带到了治疗室。打完血清和点滴之后，她的手臂缠上了厚厚的绷带。我们自然只能取消接下来几天的实地考察和取材安排，并在医院度过剩下的日子。在住院期间，她一直在发高热……这简直是一场噩梦！

整个过程大概就是这样……

下面，让具备超强安全技能的我来介绍一些遇到动物时可能会用到的必备工具吧！

请看下一页

小小的工具包，大大的定心丸

相机

拍照是一种很好的记录方式。带上一台高端小型数码相机，将见到的动物都拍照记录下来，在你被咬伤时可以提供很大的帮助。不用特意去抓它们或是将实物带回来，只要看照片，就可以判断出咬伤你的是哪一种动物。

手套

无论是蛇还是毛虫，只要你觉得徒手去抓可能会有危险，就要戴上凯夫拉手套或结实的皮手套。

工具刀

很多人会随身携带一把小刀，但是在野外最实用的是钳子和剪刀。因此，只要带一把结实的小刀钳（右）和一把锋利的小剪刀（左）就够了。

塑料盒

主要用于携带所抓到的动物。当被蛇咬伤但无法确定是哪种蛇时，可以把它放进塑料盒里，一起带到医院。

手电筒

野外夜行时，碰到暗处需要照亮时，遇到被咬伤等麻烦时，有手电筒总会方便不少。内置彩色LED灯、在不同情况下可以变换色彩的手电筒最好用。

毒液吸取器

用于吸出毒液的工具。将塑料吸嘴对准伤口，吸出毒液。

拔刺用镊子和放大镜

不论是植物的刺，还是被蚊虫叮咬后残留的刺，都可以用这两样工具进行处理。

创可贴

受伤时的必需品。

综合宠物店老板
后藤这样做！

综合宠物店里有各种各样的宠物。

为了一直保持清洁，饲养箱必须得到很好的维护。

为此，我们需要采取高效的捉持方法，以便快速准确地应对每一种动物。此外，因为所有动物都会作为宠物被新主人收养，所以我们还要教会顾客如何饲养它们，以及如何照顾和抓住它们。如果连自己都不懂的话就说不通了。

动物及其饲养者的安全与工作效率同等重要。

只要采用"合理的捉持方法"，我们就可以安全抓起动物！

后藤贵浩简介

出生于岩手县花卷市。在经营家居中心内的综合宠物店之余，每天巡视稻田。从宠物到野生动物，他无不熟知！

2

冷门宠物

蝎子

要注意危险三角区

除 少数情况外，一般很受欢迎的宠物蝎子毒性都不足以危及人类的生命。但世界上确实存在一些毒性相当强的品种！在市场上购买时，必须事先确认该物种的名称、产地和毒性强度。

在国外遇到蝎子时，一般很难立即辨别出其种类，所以还是不要接触为好。但如果亲眼看到一只蝎子钻进了好友的被窝，你该怎么做呢？

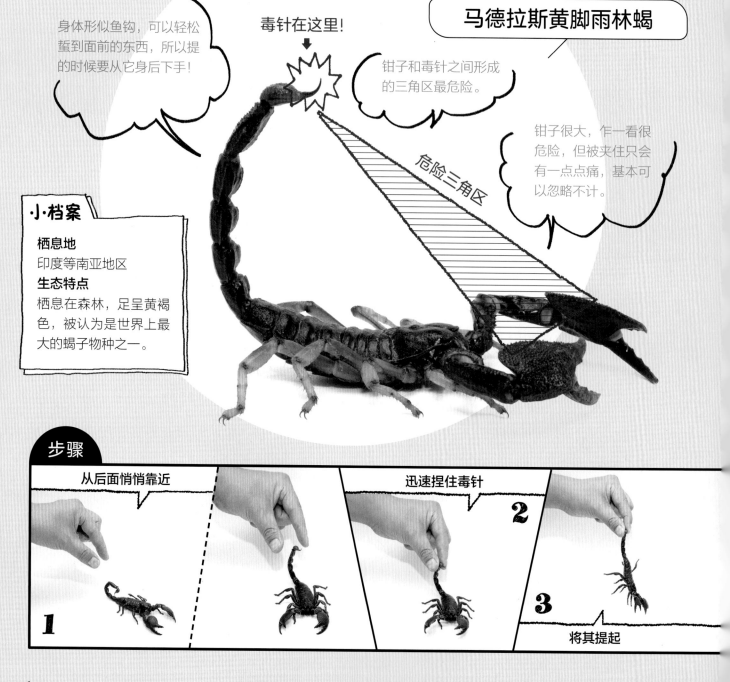

身体形似鱼钩，可以轻松蜇到面前的东西，所以提的时候要从它身后下手！

毒针在这里！

马德拉斯黄脚雨林蝎

钳子和毒针之间形成的三角区最危险。

危险三角区

钳子很大，乍一看很危险，但被夹住只会有一点点痛，基本可以忽略不计。

小·档案

栖息地
印度等南亚地区

生态特点
栖息在森林，足呈黄褐色，被认为是世界上最大的蝎子物种之一。

步骤

从后面悄悄靠近

迅速捏住毒针

1

2

3

将其提起

帝王蝎

控制住毒针

蝎子的大钳子并没有那么危险，被夹到的话只会有一点点痛。但抓蝎子时一定要小心毒针。只要控制住毒针，就不会有危险。不用担心它的钳子气势汹汹地挥来挥去，只需迅速捏住毒针即可。如果它没有停止动作，可以在它面前挥手来吸引它的注意力，这种方法十分有效。

小·档案

栖息地
中非
生态特点
最常见的宠物蝎，其钳子大而有力，但毒性较低。

晃晃

当蝎子头部后仰时，可以上下来回晃动它的身体。

塔兰图拉毒蛛

保持静止，让它一直在你的手上……

冷门宠物

这样抓！

让它自由行动，如果它想往上爬，就把另一只手放在它前面，这样它就会爬到上面。

智利火玫瑰捕鸟蛛

只要保持不动，别让它意识到是在你手上就没问题！

避免吓到它们的小技巧

塔兰图拉毒蛛一旦生气就很难控制，而避免激怒它们的诀窍就是轻轻地伸出手，让其自己爬上来。如果遇到生气的情况，就在它身上罩一个塑料盒，然后等它消气。有些品种脾气非常暴躁，所以用手控制不住的话也不必强求，把它赶到塑料盒里即可。面对塔兰图拉毒蛛时不能意气用事，这一点非常重要！

哼！
哼！
哼！

如果它摆出这种姿势，就放弃吧！

塔兰图拉毒蛛和蝎子一样，是众所周知的危险动物，但其毒性一般不足以危及人类的生命。不过比蝎子麻烦的是，它们会出现在树上，而且行为古怪。有些品种还会脱掉有毒的绒毛！即使没有与它们直接接触，只是触碰到了这种绒毛，也可能会出现过敏症状。"遇到它们不去理会就好，它们不会攻击你的。"真的是这样吗？如果一只塔兰图拉毒蛛爬到了你爱的人的背上该怎么办？我们应该掌握正确的捉持和应对方式，以备不时之需！

小·档案

栖息地
玻利维亚、智利等沙漠地区。

生态特点
性格温顺，平时行动缓慢，但捕食时动作十分迅速。

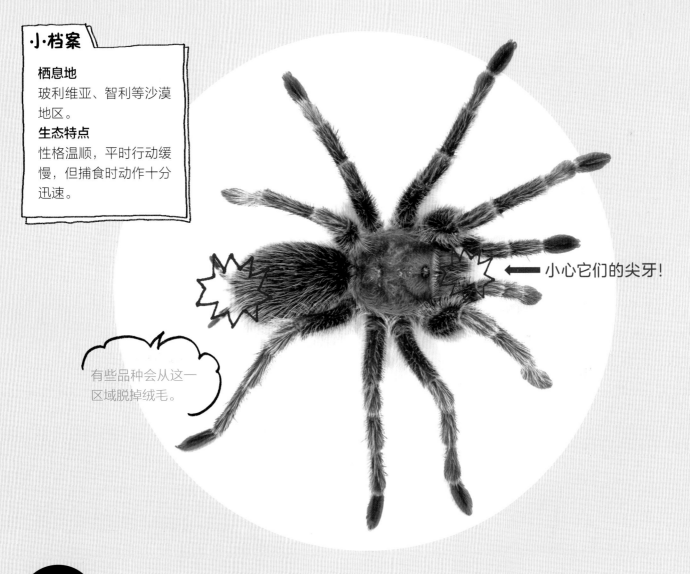

← 小心它们的尖牙！

有些品种会从这一区域脱掉绒毛。

步骤

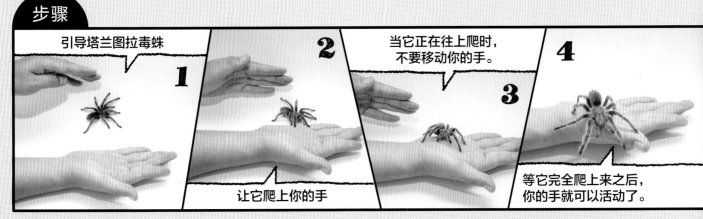

引导塔兰图拉毒蛛 **1**

2 让它爬上你的手

当它正在往上爬时，不要移动你的手。 **3**

4 等它完全爬上来之后，你的手就可以活动了。

大型独角仙

捏住不会动的那只角

大型独角仙在很久之前就已作为宠物传入日本。在宠物店里，孩子们随意把手伸进塑料盒里去摸它们以致被其夹伤流血的情况屡见不鲜。这种时候，家长当然会狠狠训斥擅自把手伸进塑料盒的孩子。如果孩子的父亲知道如何正确地抓住每一种独角仙的话，情况一定会有所不同！

这样抓！

长戟大兜虫

小·档案

体长 60 ~ 180mm

栖息地
中南美洲

生态特点
长戟大兜虫分为 12 个亚种，这是其中体型最大、分布最广的亚种，也是世界上最大的独角仙。

小·档案

体长 60 ~ 120mm

栖息地
东南亚

生态特点
有三只长角，好斗且强壮。虽然众说纷纭，但我觉得它是最厉害的独角仙。

这样抓！

找到不会动的那只角

抓大型独角仙的基本方法就是捏住它不会动的那只角。首先，要仔细观察其身体结构，弄清楚哪只角不会动。如果想从后面去抓那只角，那么你一定会失败。当它摆出攻击姿势时，要从正面接近，随机应变。与日本本土的独角仙不同，它们力气很大，因此在抓它们时我们需要下点功夫。

高加索甲虫

不要被这里夹到！

这种抓法会堵住它的
通气孔,是不对的!

虽然这种方法很常用,但长时间这样会使幼虫不堪重负!

这样抓!

亚克提恩大兜虫

幼虫

你 可能会觉得,独角仙的幼虫随随便便就能拿起来,还可以让它在手上滚来滚去……但其实抓幼虫时也需要注意方式方法。不过人们对此并不了解,甚至对待幼虫时往往有些粗鲁,因为任何人都可以随手将其拿起来。

大家去宠物店购买幼虫的时候,看到工作人员的做法一定会偷笑吧!

当幼虫身体僵住时……

抓幼虫时必须要注意的一点是,不能堵住其体侧的通气孔。因此,最好的方法不是捏住其身体两侧,而是将其上下捏住。这种抓法只有在幼虫处于警戒状态,身体呈圆形且僵硬时才能使用,所以动作一定要迅速。此外,这种方法还能有效避免被其锋利的牙齿咬伤。

小·档案

体长 60 ~ 120mm
栖息地
中南美洲
生态特点
最有份量、力气最大的独角仙。幼虫变为成虫需要长达五年甚至更久的时间。

大型锹形虫

仔细观察上颚的形状

锹形虫和独角仙是一样的捉法吧？要是这么想的话，你一定不会成功。因为锹形虫的两只"锹"都会动，而且被它夹到会非常痛。再加上锹形虫的种类不同，其"锹"的大小和形状也会不一样，所以很难知道到底应该去抓哪一只。此外，同一种锹形虫有可能是大颚型，也可能是小颚型，变化良多，很难迅速做出判断。

和家人在海外愉快地旅行时，如果发现一只从未见过的锹形虫正趴在酒店的窗户上，你该怎么做呢？

你需要知道该如何抓住它，这样当你的儿子拜托你"抓住那只锹形虫"时，你就不必说"不不不，我不会"了。

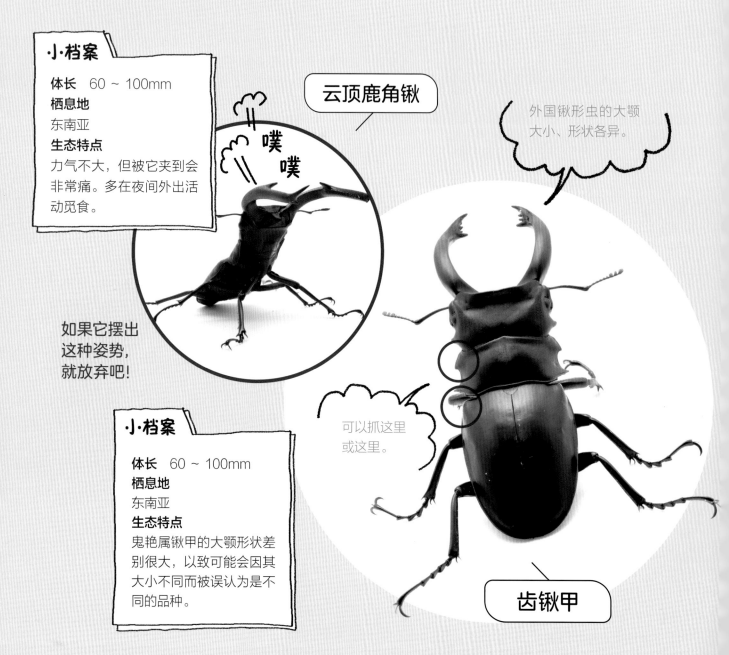

小·档案

体长 60 ~ 100mm
栖息地
东南亚
生态特点
力气不大，但被它夹到会非常痛。多在夜间外出活动觅食。

云顶鹿角锹

噗噗

如果它摆出这种姿势，就放弃吧！

外国锹形虫的大颚大小、形状各异。

可以抓这里或这里。

小·档案

体长 60 ~ 100mm
栖息地
东南亚
生态特点
鬼艳属锹甲的大颚形状差别很大，以致可能会因其大小不同而被误认为是不同的品种。

齿锹甲

灵感和洞察力

锹形虫的基本抓法是用食指和拇指捏住其前胸或后胸。但是，有时候从后面去抓它的前胸会很困难，比如在清理塑料箱时，空间非常狭小，锹形虫却抬起它的上半身，摆出了准备攻击姿势。这时就要控制住它最大的武器——上颚。颚的形状多种多样，捉持方式取决于其形状和锹形虫的姿势。这种时候就只能依靠灵感和洞察力了！

巴拉望巨扁锹形虫

这样抓！

不同的抓法

大颚较长的品种可以这样抓。

长颈鹿锯锹

当它发怒并摆出攻击姿势时，可以从正面捏住其上颚两侧。

在它怒不可遏时还可以这样做。

小·档案

体长 50～110mm
栖息地
菲律宾
生态特点
世界上最大、最强的锹形虫，力量非常强大。

小·档案

体长 50～120mm
栖息地
东南亚、印度等地。
生态特点
整个身体呈扁平状，其拉丁名中有意为"长颈鹿"的giraffa一词，因为与身体相比，它的大颚长度很长。

蟑螂和马陆

抓一下试试

蟑 螂和马陆可以说是人们不太喜欢的东西。你可能会想："我才不会碰那种东西！"但如果是为了守护家人安居的地方呢？你该如何与那些家居害虫做斗争？用纸巾把马陆压扁？用报纸把蟑螂包起来揉成一团扔掉？还是喷杀虫剂？

"压扁之后好臭啊！""被压扁的蟑螂该怎么处理啊？""杀虫剂喷到我的宝贝家具上了！"这种时候你应该会想："该怎么办呢？"让我来告诉你！

八重山圆马陆

这样抓！

手不要动！

小·档案

体长 60 ~ 100mm

栖息地
八重山群岛

生态特点
在夜晚的森林里，它们会附着在长果锥等高大树木的树干上。

别让它们发出臭味

马陆不会咬人，身手也不敏捷，但它们会发出很臭的臭味，所以只要注意别让它们发出很臭的臭味就可以。首先轻轻地把手放在它旁边让它爬上去，然后慢慢地来回摇晃，等它蜷成一团，就可以暂且放心啦！

马达加斯加发声蟑螂

这样抓！

小·档案

体长 50 ~ 70mm
栖息地
马达加斯加
生态特点
宠物蟑螂的经典品种。成虫无翅，卵生。受到威胁时会发出"嘶嘶"的声音。

不要把它看作蟑螂

　　蟑螂行动敏捷、反应迅速，所以你很可能会眼睁睁地看着它从你面前跑掉。 如果发生了这种情况，在你重新找到它之前，你的家人八成是不会原谅你的。与其承担这样的风险，还不如果断上手去捉。

　　因为它的身体和翅膀都很柔软，所以不能去抓它的两侧，而是要从背部和腹部轻轻捏住它的身体。这个动作的诀窍就是把你手中的蟑螂当成蟋蟀。

对付行动迅速的蟑螂要用"三点法"

八重山斑蜚蠊

绒毛丝鼠

让它觉得挣扎也没用

冷门宠物

绒毛丝鼠是一种生活在安第斯山脉的啮齿动物。因外形可爱，作为宠物很受欢迎。绒毛丝鼠有多种毛色，在宠物店里可以看到许多品种。

试想一下，在宠物店里有一只绒毛丝鼠逃跑了，这时你很喜欢的一个可爱店员拜托你："帮忙抓住它！"……

有点想要个帅了吧？哎，就是为了这种时候也要知道正确的捉持方法！

小·档案

体长 300mm
栖息地
智利
生态特点
皮毛十分柔软细滑，属于夜行性生物。

这大大的耳朵像加了特效！

擅长站立。

恰当的力度

绒毛丝鼠性格温顺，但未经训练的话可能会十分暴躁。最佳的捉持方法是牢牢抓住它的后颈，让它觉得挣扎也没用，然后用另一只手紧紧抓住它的后腿。这种方法的关键在于力度的控制。力道太小，可能会使其在挣扎时掉落；力道太大，则会使它难以忍受。

这样抓！

花鼠

虽然看起来有点可怜，但是不痛哦！

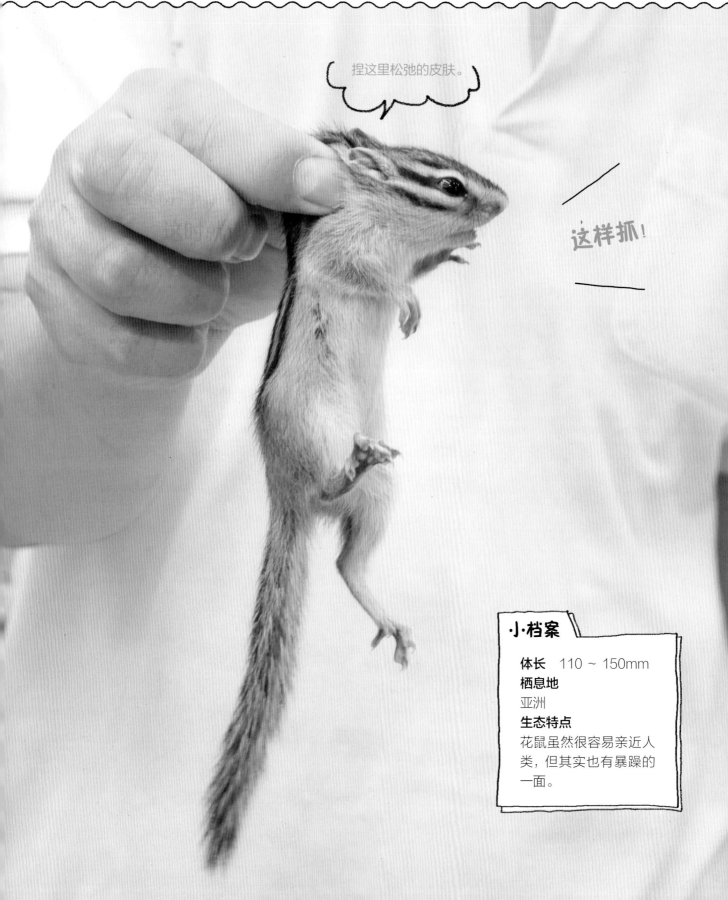

捏这里松弛的皮肤。

这样抓！

小·档案

体长 110 ~ 150mm
栖息地
亚洲
生态特点
花鼠虽然很容易亲近人类，但其实也有暴躁的一面。

48

以前，花鼠曾是一种很受欢迎的宠物。它很容易亲近人类，非常适合当宠物，只要稍加训练就能轻松驾驭。不过它毕竟是一种松鼠，不可能从一开始就那么好对付！它的牙齿坚硬锋利，威力大到可以咬碎木制的巢穴，一旦被其咬到，必定会流血。因此，我们应首先牢牢掌握这种捉持方法，然后慢慢与它建立信赖关系，以免受到"重伤"！

背上的条纹是它们的显著特征！

啮齿动物的牙齿坚硬锋利！千万不要被咬到！

不要被它可爱的面孔所迷惑

虽然它长得很可爱，但如果你突然去抱一只还不怎么亲近人类的松鼠，可是会被咬的哦！因此，要先用食指和拇指捏住它脖子后面的皮肤，然后轻轻提起来。可能会有人不忍心揪它的脖子，但这里的皮就像人肘部的皮肤一样，会稍微松弛一些，所以捏着提起来也不会痛的！

它一死心就不会挣扎啦！

蜜袋鼯

超级可爱，但那"绝望般的尖叫"……

冷门宠物

蜜袋鼯大大的耳朵和圆圆的大眼睛俘获了众多女孩的芳心，最近作为宠物人气急剧上升。不过，它们并不像大家想象的那样温顺。它们身体柔软，但性格好斗、行动迅速……还可能会"啊呜"咬你一口。它们不会一直乖乖待在你的手上，如果被你强行按住，它们就会发出绝望般的尖叫来反抗，你甚至无法想象这个小小的身体竟然能发出这样的叫声……但女孩子想要的东西就要拥有才对。那就先掌握好抓它们的方法，然后再养一只当作宠物吧！

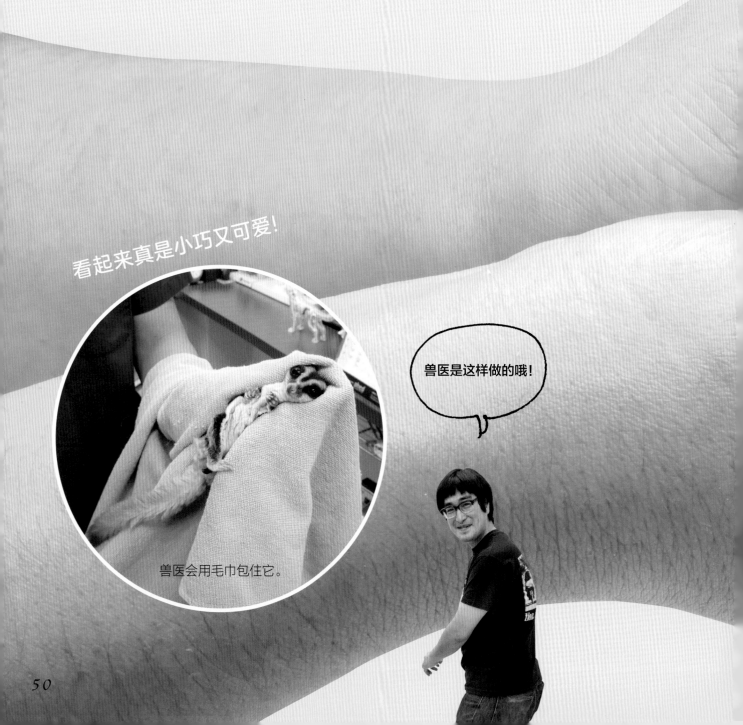

看起来真是小巧又可爱！

兽医会用毛巾包住它。

兽医是这样做的哦！

50

想控制，却控制不住

其实，在与蜜袋鼯亲近之前，最好的办法是牢牢控制住它的脖子和身体。但这样做的话，它会发出很大的叫声来反抗……总不能在打算将其当作宠物一起生活的客人面前露出这样的丑态。在这种情况下，我们得克制住自己担心被咬的恐惧和想要控制住它的心情，用双手虚掩住它。因为在我们手里它会比较安心、冷静。只要在不勉强的范围之内持续进行这样的交流，慢慢就能轻松抓住它啦！

小·档案

体长 150 ~ 200mm
栖息地
印度尼西亚、澳大利亚
生态特点
幼体在出生后约70天内，在母亲的育幼袋中成长。拥有翼膜，可以滑翔50米左右。

这样抓！

51

仓鼠

会不会咬人呢？

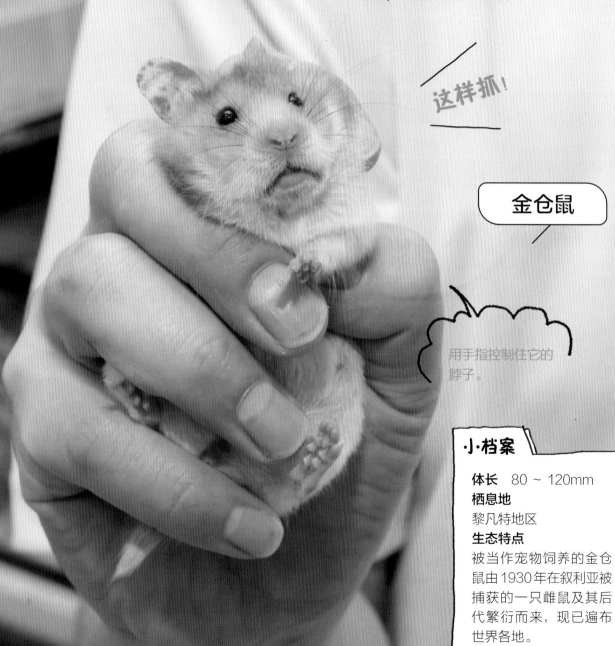

仓鼠自从在可爱的动画片中现身后便掀起了一股热潮。在此之前，很多人会觉得把仓鼠当宠物有点奇怪，但现在它们已经成为司空见惯的宠物，很多人都会说："我小时候曾经养过一只。""每家都养过一只吧？"甚至在动物园的互动区也可以看到它们的身影……

在动物园里，当你的女儿撒娇说"想摸一摸仓鼠"时，你绝对不能说"爸爸不敢摸它"，而是应该酷酷地回答："看，要像这样抓住它哦！"

这样抓！

金仓鼠

用手指控制住它的脖子。

小·档案

体长　80～120mm
栖息地
黎凡特地区
生态特点
被当作宠物饲养的金仓鼠由1930年在叙利亚被捕获的一只雌鼠及其后代繁衍而来，现已遍布世界各地。

52

加卡利亚仓鼠

这样抓！

小·档案

体长 60 ~ 80mm
栖息地
西伯利亚和中国北部
生态特点
体型比金仓鼠小，因此也被称为侏儒仓鼠；在冬季，有些个体的毛色会变为白色，所以也被称作冬白。

体型较小

加卡利亚仓鼠体型较小，大多性格温顺。用一只手托起它时，它会比想象中更加温顺。不过出于安全考虑，用双手将其包住可能更合适一些。

有可能会咬人

虽然金仓鼠生性友好，但刚开始还是不能放松警惕。对于新到货的金仓鼠，要先从后面抓住它们的脖子，控制住它们的身体。像这样接触几次之后，就能知道哪只会咬人、哪只不咬人。对咬人的仓鼠要继续采用这种方法，而对不咬人的仓鼠用手包住就可以啦！

53

熊猫鼠

像动画人物，要拎它们的尾巴哦！

小·档案

体长 60 ~ 70mm
栖息地
世界各地
生态特点
熊猫鼠体型与小白鼠相似，尾巴较长，毛色类似大熊猫。有的熊猫鼠脖子上有一圈黑色的毛，像带着黑色围脖一样。

这样抓！

它们的尾巴很结实，完全可以承受自身的重量。

嘿——

对哦，它们有尾巴！

　　只要没有受到惊吓，它们就不会咬人，而且它们性格友好，头脑聪明。因此，你既可以用双手把它们包起来，又可以用一只手把它们托起来，总之，想用哪种方式都可以。

　　在清洗饲养箱需要移动它们的时候，我一般会直接拎起它们的尾巴，这样效率更高。有时大家看到我拎着它们的尾巴会觉得很可怜，但只要不长时间这样，就完全没问题。因为被拎着尾巴，它们就没法逃跑，所以我很推荐使用这种方法。不过，如果你觉得实在不忍心，也可以抓着尾巴把它们放到手掌上。

据说很早人们就开始饲养这种形似熊猫的可爱老鼠。与普通老鼠相比，它们体型更小，动作敏捷且易于饲养，性格友好且聪明伶俐。全都是优点！它们还容易繁殖，而且繁殖速度很快，一旦你有一个朋友养了熊猫鼠，不知不觉中，你所有的朋友和邻居都会养上熊猫鼠……

这样抓！

按住尾巴，防止它逃跑！

这里是关键！

鸡和鸡仔

公鸡很可怕，真的

小·档案

体长 400 ~ 500mm
栖息地
世界各地
生态特点
在东南亚和中国被驯化，后
被引入欧洲。有些品种年产
蛋量可超300枚，被列入了
吉尼斯世界纪录。

这样抓！

一招定胜负

首先，放松心情，若无其事地接近它。
成功拉近距离之后，在它想要转身跑开的那
一瞬间，用双手猛地抓住它的翅膀，把它抱
起来。诀窍就是快准狠！

如果你和公鸡"打过架"，你就会知道它真的很可怕！如果你扑过去踢它的前胸，它就会用锋利的爪子撕破你的裤子；上一秒轻松躲开你的反击，下一秒就用它的尖嘴精准攻击你的弱点！

在与如此凶猛的公鸡"搏斗"之前，你可以先用宠物店里那些较为温顺的品种来练习如何对付它们！

棒球＝小鸡仔?

抓小鸡仔时，要采用投球时的动作，用食指和中指夹住它的脖子两侧，用剩余的三根手指和手掌轻轻拢住其身体。这样它就不会挣扎，还会一脸茫然地看着你。

和抓棒球时的感觉一样！

这样抓！

如何让独角仙 "松手"

　　独角仙的足爪十分发达，可以牢牢抓住树干，也可以支撑起它庞大的身躯。

　　如果它紧紧抓住你的手，它的爪子会穿透你的皮肤，而且根本取不下来。

　　如果强行去拉，就一定会流血……

　　这种时候，其实只要动动脑筋，简单操作一下就好了！

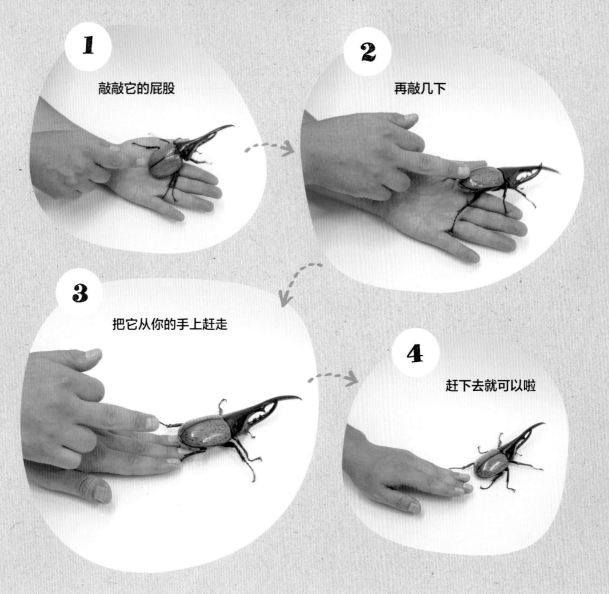

1 敲敲它的屁股

2 再敲几下

3 把它从你的手上赶走

4 赶下去就可以啦

如何从塑料盒中轻松取出发怒的锹形虫

如果锹形虫被饲养在一个小塑料盒里，当你想把它取出来以便清洗盒子时，锹形虫会愤怒地挥舞它的大颚，让你无法把手伸进去。这种棘手的情况应该经常出现吧。下次再遇到这种情况的话，一定要试试下面的方法！

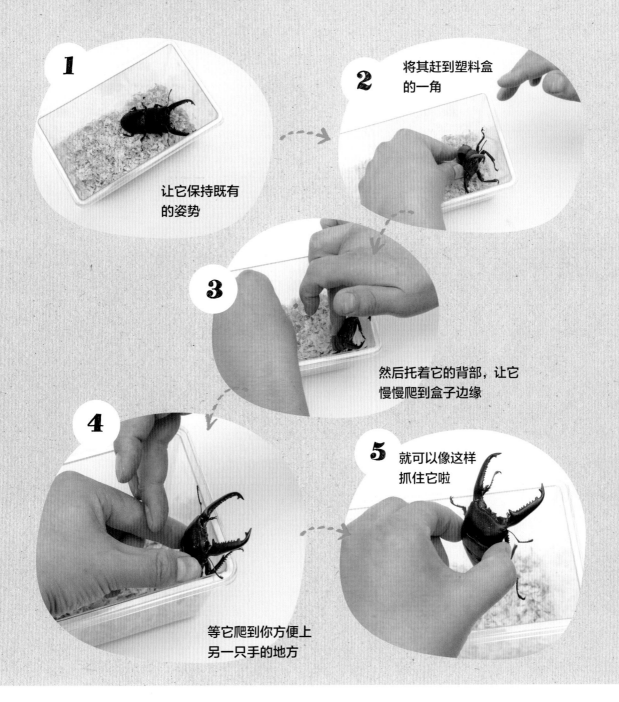

1 让它保持既有的姿势

2 将其赶到塑料盒的一角

3 然后托着它的背部，让它慢慢爬到盒子边缘

4 等它爬到你方便上另一只手的地方

5 就可以像这样抓住它啦

经常为各种动物看诊的兽医
田向这样做！

作为一名兽医，我的原则是努力治疗每一种动物，"抓不住、治不了"这种不负责任的话是绝对说不出口的。大家抱着最后一丝希望来到动物医院，却听到"我们治不了"之类的话，一定会很伤心吧……

因此我会设想所有的可能性，运用所有能想到的方法，采用最合适的方式来对待面前的动物。我从小就喜欢动物，不论哪种都能抓住；我还是职业摔跤爱好者，知道很多压制对手的技巧。作为一名兽医，除了要掌握各种动物的捉持方法，还要拥有能够控制住它们的信念（即在确保动物安全的前提下坚决不让它们乱动的高度信念感），以便进行恰当的治疗。

田向健一简介

田园调布动物医院院长。可为猫、狗、兔子、爬行动物乃至猪、羊等家畜进行治疗。至今诊疗过的动物多达200种。他认为，兽医治疗能否成功80%取决于能否不让动物乱动。

3

萌宠小动物

狗

大型犬也可以抱，只要有技巧

大白熊犬

小·档案

体长 40 ~ 100cm
性格
宠物之王。会把人类当作唯一挚友。

抱大型犬时要注意保护彼此的腰部

　　由于大型犬很重，很多主人会采用将其前腿搭在肩上，一手扶其背部，一手托其臀部的方式来抱它们。但使用这种方式的话，一旦狗狗发狂，主人就会被踢到，且无法控制它们；狗狗掉下来的时候也很难顺利着地，非常危险。再加上这种抱法会对狗狗和主人的腰部造成不小的负担，所以我不太推荐。最安全的抱法是，一只手抱住其前腿根部，另一只手抱住其后腿根部。这种方法可以自然地控制狗狗的全身。如果狗狗快要掉的时候你可以顺势把它稳稳地放下，它就能以原来的姿势安全站立。

64

以前杂种犬一般被拴着养在户外，到了晚上，主人会把拴着它们的链子解开，让它们自由活动……现在不再是这样了。

清晨，柏油马路还没热起来，就有一位衣着整洁的阿姨正抱着她的爱犬优雅地散步。的确，现在的狗狗已不再是"每天必须去遛的狗"，而是能陪着阿姨散步的重要伙伴。如果狗狗累了或热了，阿姨还会抱着它！

事实上，你会遇到许多需要抱起自己爱犬的情况。为了不伤害狗狗，也不伤到自己的腰，专家们会如何抱起狗狗们呢？一起来学习一下吧！

> 如果是被主人抱着，那么狗狗总能找到一种舒适的姿势。如果是被我抱着，它就会用奇怪的眼神看着我，但我还是会紧紧地抱住它。

中型犬的抱法与大型犬基本相同

抱中型犬的方式与抱大型犬一样。即双臂环绕着抱住狗狗的前腿根部和后腿根部将其托起来。抱狗狗的时候，主人们往往会将其前爪搭在自己的手臂上，但如果狗狗前爪用力踢并向前跳，就可能会发生意外。因此，请牢记正确的抱法。

这样抓！

柴犬

迷你腊肠犬

这样抓！

小型犬要这样抱

大型犬和中型犬要牢牢控制住，而小型犬则应轻轻抱起。关键之处是紧紧抓住它们的后腿，以防它们乱跑。同时还要让狗狗靠在自己身上，使它们更有安全感。

猫

有些猫不喜欢被人抱

萌宠小动物

日本田园猫

这样抓!

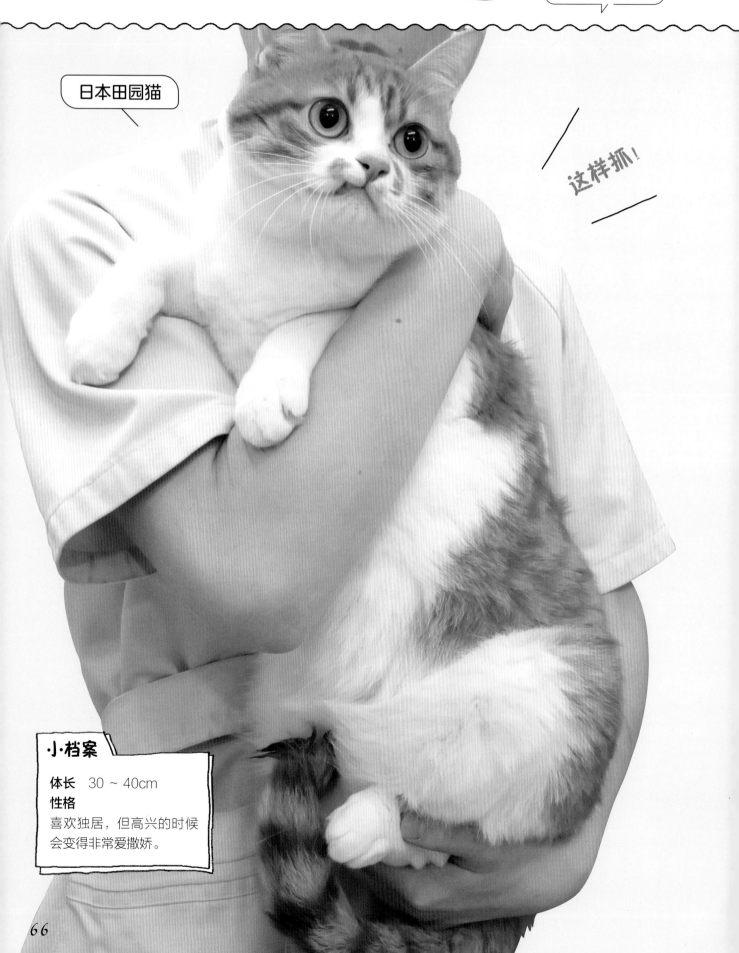

·小·档案

体长 30 ~ 40cm
性格
喜欢独居，但高兴的时候
会变得非常爱撒娇。

在过去，猫通常是自由放养的，它们想出去玩就可以出去，想回家吃饭就可以回来。在外面遇到猫时，如果戴着项圈，它就是一只家猫；如果没有项圈，它就是一只流浪猫……以前一般是这样的，但进入新世纪以来，猫生活的环境发生了很大的变化。

现在，大多数猫都养在家里。它们与主人十分亲密，有时还能看到主人抱着它们散步或购物。现在，让我们确认一下你抱猫的姿势是否正确吧！

猫咪的正确抱姿

基本方法是，一手穿过猫咪前腋下搂住其背部，另一只手托住其后脚和臀部，然后猫咪会自己找到一个舒适的姿势。尽管饲养环境发生了变化，但猫咪善变这一点却一如既往。有些猫不喜欢被抱着，强行去抱它们并不是明智之举。不过，有些时候必须控制住它们才行。在这种情况下，请参考第82页"控制住它们的信念"。

林鼬（雪貂）

拎它们后颈部松弛的皮肤

雪貂的魅力在于它们可爱的面孔，惹人喜爱的行为以及我行我素、自由奔放的天性。

浓烈的臭味和暴躁的脾气是过去人们拒绝饲养雪貂的主要原因，但现在已经不用顾虑这些。几乎所有的宠物雪貂都切除了臭腺，连性格也变得很温和……如果你曾经闻过那种臭味，并被脾气暴躁的雪貂咬过，现在面对它们还是有些畏缩的话，那么请接收这份持法攻略！

小·档案

体长 30 ~ 40cm
性格
肉食动物，喜欢甜食。
性格开朗、活泼好动，
睡眠时间长。

宠物店里这样抱

在宠物店里向顾客展示雪貂时，不必限制它的行动，可以将它夹在腋下或放在手臂上，让它能够稍微自由地活动。但是……雪貂过于兴奋就会失控，这时，我们就要抓住它的脖子了。雪貂任性的样子还挺可爱的呢！

用力抓住这里松弛
的皮肤

这样抓！

治疗时要这样

　　雪貂的性情确实变得温和
了，但它们天性爱自由。如果
让它们随心所欲，一旦它们兴
奋起来，你就束手无策了。既
然要把它们送医院接受治疗，
你就必须牢牢地抓住它们的脖
子，让它们停止活动，这样它
们就不会乱动或者挣扎。在这
种状态下，我们的检查和治疗
才能顺利进行。它们脖子后面
的皮肤比较松弛，即使用力抓
住也不会痛，所以不用担心这
样做会弄痛它们。

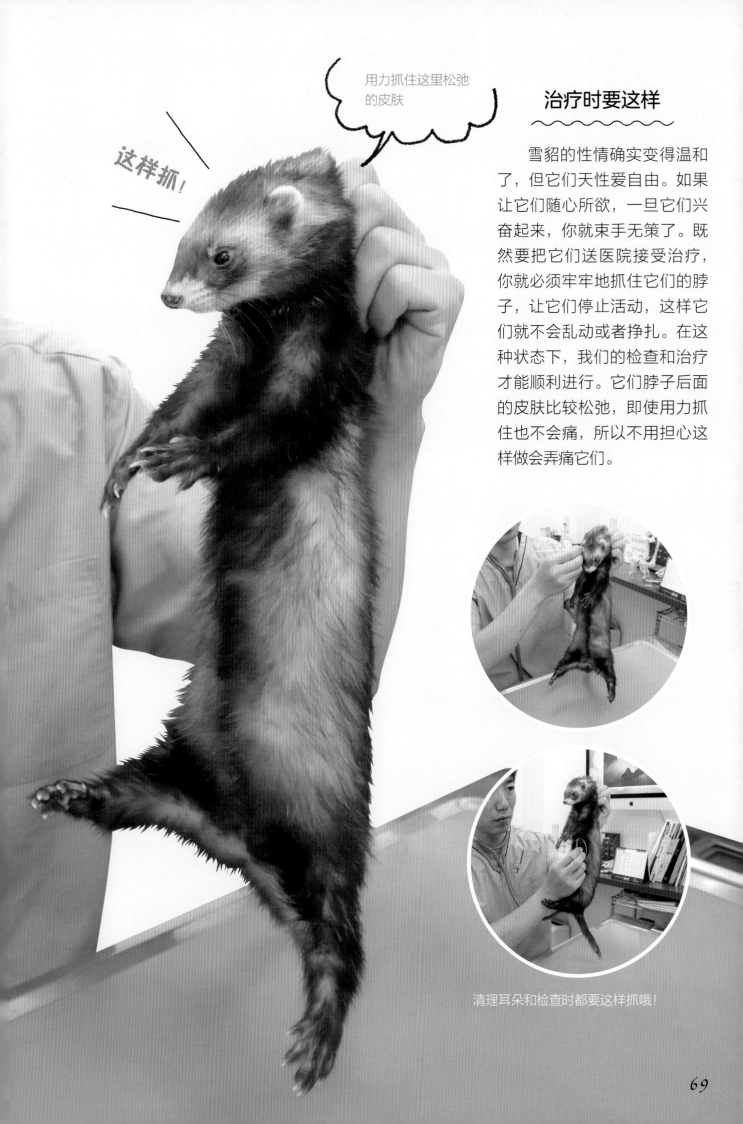

清理耳朵和检查时都要这样抓哦！

69

兔子

让兔子的背部紧贴你的腹部

兔子一定是可爱、温顺的吗？

不不不，不是所有的兔子都是这样的。有很多兔子非常胆小，极不喜欢被人触碰。如果它对你的接近感到不快，有时会用锋利的门牙咬你，其后腿的力量也不容小视。兔子的骨头很脆弱，不小心掉地的话很容易骨折。

你要仔细观察面前的兔子的反应，而不能不顾及它的感受，自私地觉得："兔子嘛，只要照常抱就可以啦。"

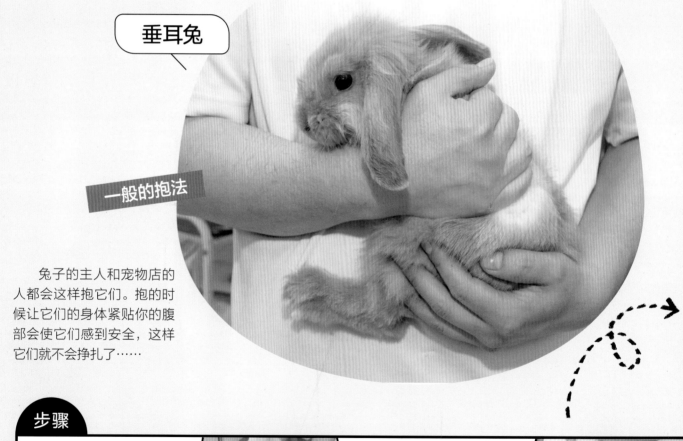

垂耳兔

一般的抱法

兔子的主人和宠物店的人都会这样抱它们。抱的时候让它们的身体紧贴你的腹部会使它们感到安全，这样它们就不会挣扎了……

步骤

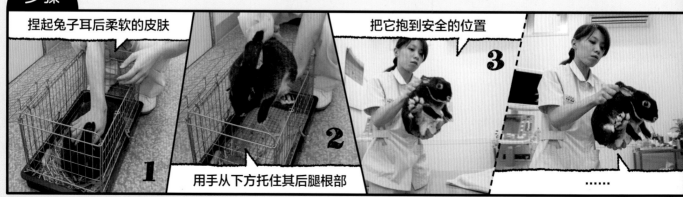

捏起兔子耳后柔软的皮肤

1

用手从下方托住其后腿根部

2

把它抱到安全的位置

3

……

从背后将其抱紧

兔子的常见抱法是一只手搂住其背部，另一只手托住其臀部，让自己的腹部和兔子的身体紧贴在一起。但如果兔子暴跳起来，其后腿的踢力会非常大，所以考虑到最坏的情况，兽医会从背后将其抱起。基本动作是从腋下抓住其胸部，用另一只手托住其臀部。这样，就算兔子发怒也只能对着空气狂踢一番，对治疗过程不会有太大影响。

4

调整好姿势，就大功告成了！

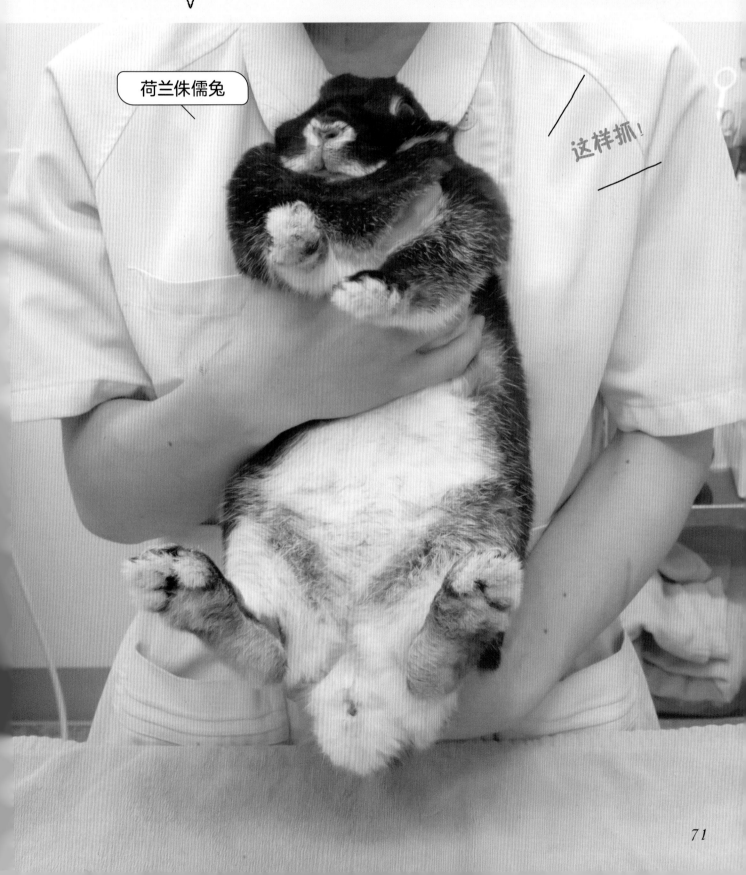

荷兰侏儒兔

这样抓！

虎皮鹦鹉

采用棒球手投直球时的动作

这样抓！

轻夹住脖子，
虎握住身体。

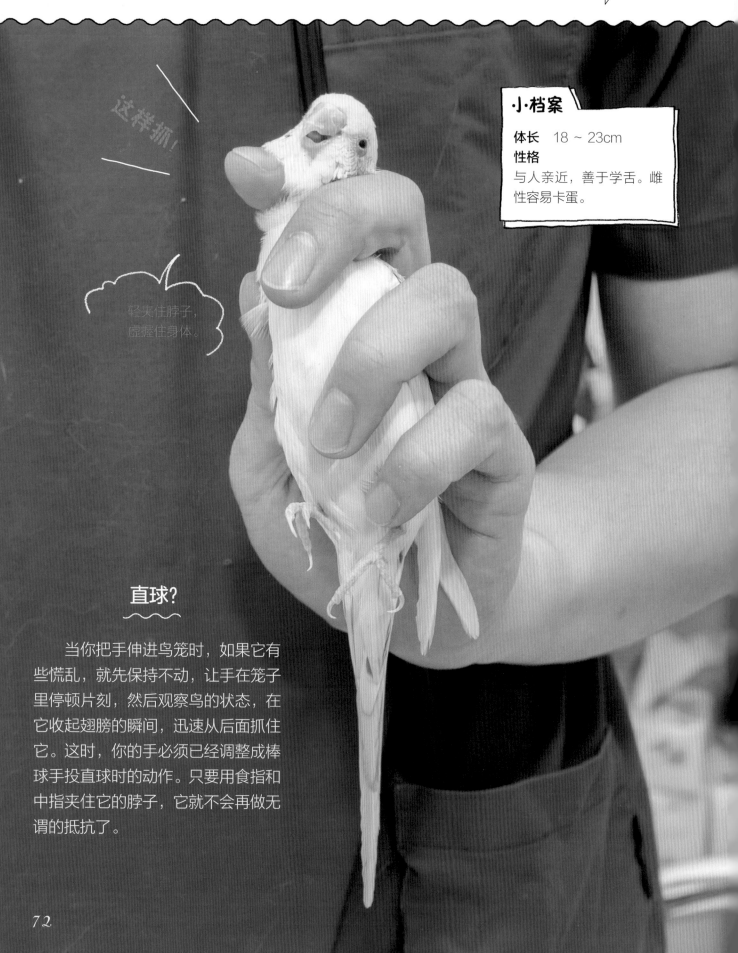

小·档案

体长 18 ~ 23cm
性格
与人亲近，善于学舌。雌性容易卡蛋。

直球？

当你把手伸进鸟笼时，如果它有些慌乱，就先保持不动，让手在笼子里停顿片刻，然后观察鸟的状态，在它收起翅膀的瞬间，迅速从后面抓住它。这时，你的手必须已经调整成棒球手投直球时的动作。只要用食指和中指夹住它的脖子，它就不会再做无谓的抵抗了。

虎 皮鹦鹉和禾雀等小型鸟类的骨骼又细又轻，抓法不当可能会对其造成严重伤害，所以要让它们从小就习惯被抓在手里的感觉。即使是为了防止鸟儿在室内乱飞不回鸟笼，或者是为了带它去看兽医，你也应该了解这种捉持方法。

兽医专用抓法

压住。
这根手指是关键。

"三点法"

治疗时可以固定头部的一种抓法。

展翅抓法

做检查时，羽毛的里里外外都需要检查。

鸟的骨头很细，
一定要小心！

北领角鸮

乖巧得像刚出生的婴儿

我是在宠物界很受欢迎的白脸角鸮

萌宠小动物

小·档案

体长 20～30cm
性格
夜行性动物，喜欢昼伏夜出。若你在街上或任何地方看到了北领角鸮，请将它交给有关部门。

近年来，由于砍伐森林建造住宅等原因，北领角鸮的数量正在逐渐减少。但即使是在这样的人类社会中，也有一些个体在顽强地生活着。有时，为了追捕猎物，它们会猛地撞上建筑物的玻璃。也许有一天，你会在一个意想不到的地方发现一只受了伤的北领角鸮正蜷缩在那里。在这种情况下，若抓法不当，可能会给它们造成更大的伤害。因此，学会如何正确地抓起北领角鸮，在紧急情况下甚至可以挽救它的生命。

动作要轻柔，不要压迫它的胸部。

好像个婴儿啊！

用毛巾裹住更安全。

小心它的喙！

先让它放下心来

对野生动物来说，被人触摸属于特殊情况，因此单纯的触摸就可能会给它们带来相当大的压力，强行触摸还可能会导致它们休克死亡。面对如此敏感的野生动物，首先要做的就是让它放下心来。最好的办法是像对待婴儿一样用毛巾从后面包住它的身体，并轻轻抓住它的头和爪。等它平静下来之后，再检查其身体的各个部位，必要时可以解开毛巾。

这样抓！

从后面稳稳托住它的脖子。

解开毛巾时，治疗师须牢牢抓住它的双爪。

草原犬鼠（土拨鼠）

在下面铺上毛巾，以防它逃跑

小·档案

体长 35 ~ 45cm
性格
群居动物，每天接触的话会把人类当成伙伴，易于驯养。

这样抓！

用力抓紧！

牢牢抱住！不要松手

首先，关上所有的门，以防它跑出去。然后，用一只手抓住其后颈和腋下，用另一只手紧紧地抓住其后腿根部，不要手软。即便如此，也不能掉以轻心。一旦它暴躁起来，这种抓法也不能保证万无一失。为了防止它从你手中滑落，可以提前在下面铺一块毛巾。如果觉得用手控制不住的话，就迅速用毛巾将它包起来。

用手托住其臀部，如果它挣扎的话，就牢牢抓住。

它们有坚固的门牙和锋利的爪子，而且非常调皮，很难对付。但其实它们的性格比猫和雪貂更加随性，更有野性。它们对人友好，很爱撒娇，能很好地适应主人。它们也有十分傲娇的一面，是一种拥有超高人气的宠物！所以邻居家的土拨鼠闯进了你家也不是不可能的事！如果这样一只狂暴的动物闯进了你的房间，你需要尽快抓住它，否则它可能会把房间弄得一团糟。

为此，让我们学习一下抱草原犬鼠（也被称为土拨鼠）的方法吧！

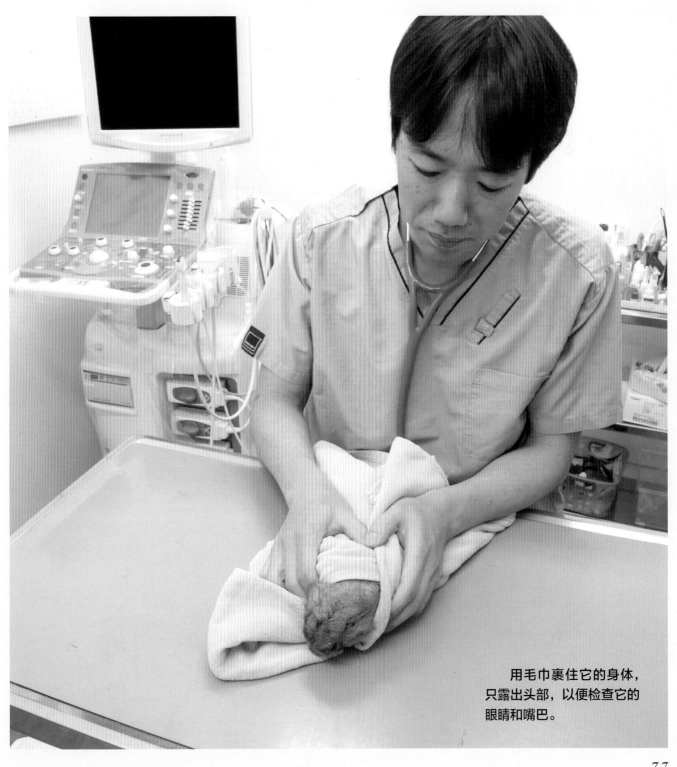

用毛巾裹住它的身体，只露出头部，以便检查它的眼睛和嘴巴。

刺猬

别忘了戴上皮手套，最好不要直接用手抓哦！

作为卡通形象、可爱的宠物，刺猬深受人们喜爱，在动物园里也很受欢迎！但是……有些品种的刺猬已成为众所周知的外来入侵物种。是的，刺猬正在野生化。可以说遇到它们的机会变多了。如果真的遇到了，我们该怎么做呢？

小·档案

体长 15 ~ 25cm

性格
虽然胆小，但熟悉之后会用可爱的眼睛看着你。喜欢吃虫子。

这样抓！

移动饲养箱的时候要戴上皮手套哦！没有手套时直接用手抓也不是不行，但为了逞强而把它们摔下来可不行。
从背面抓住，然后将其翻转过来放在手掌上。

一受到惊吓，它们的刺就会竖起来。

※ 刺猬已被列为特定外来动物，禁止进行运输等活动，因此不能捕捉野生刺猬带回家饲养。

不要过多触碰它们

肚子上没有刺。

从它们将身体蜷缩成球状并保持竖刺状态进行自卫这一点可以看出，刺猬是一种非常胆小、警戒心很强的动物，所以不要强行去抓它们。基本原则是将它们放在透明箱中进行检查。如果必须用手将其按住或者拿起来的话，记得戴上皮手套或凯夫拉防割手套。

当你用手去抓时，刺猬一定会竖起尖刺。为了彼此的安全，要戴上皮手套。

检查画面

不要碰它，将其放进塑料箱中进行检查即可。

剪指甲的各种方法

在饲养动物的过程中，"剪指甲"这件事格外令人困扰。

如果主人试图在家里给动物剪指甲，它们会以为主人在强迫它们做自己不喜欢的事情，自然会逃跑，而主人也往往会对它们手下留情。

这时就该兽医出场了。不论是什么动物的指甲，我都能想方设法将其剪掉。

兔子　基本剪法

给兔子剪指甲时最好有两个人相互配合，一个人负责抓住兔子，另一个人负责剪指甲。抱兔子的人要让兔子的肚皮朝向剪指甲的人。

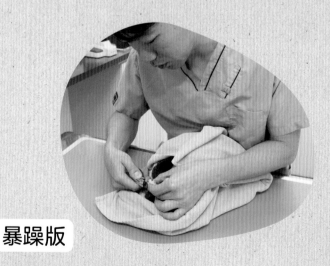

单人版

单人版的姿势与双人版相同。这种方法也适用于性格温顺的兔子。

暴躁版

如果兔子不愿被抱、拼命挣扎，可以用一条大毛巾将其包起来，只露出脚爪。注意要将头部和臀部包裹严实，使其无法脱出。

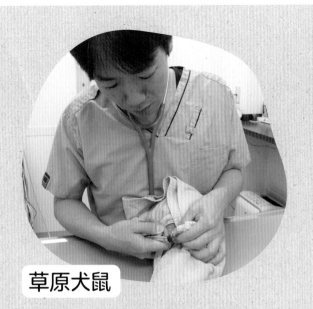

草原犬鼠

因为草原犬鼠一定会挣扎，所以要用毛巾将其裹紧，只露出脚爪。这样就可以防止被咬。

雪貂

小心地拎起雪貂脖颈处的皮肤。这是给雪貂做检查和剪指甲时最安全的方法。

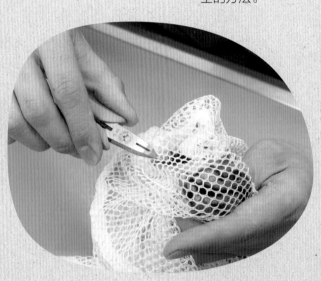

蜜袋鼯

将蜜袋鼯放在能透出指甲的洗衣网中，从背面抓住它的身体，然后将从洗衣网中露出的指甲剪掉。这种方法也适用于松鼠等动物。

刺猬

因为无法完全抓住刺猬，所以可将其放在铁丝网上，让爪子上的指甲从网眼中伸出后再剪掉。它们可能根本不会意识到自己的指甲被剪掉了！

乌龟

令人意外的是乌龟的指甲也会变长，介意的话可以帮它剪掉。可以在乌龟伸出前腿的时候抓住它的爪子，然后剪掉指甲。

我的真本事——
控制住它们的信念

一般情况下只需采用正确的抱法就可以，但治疗时会遇到必须压制住它们的情况。

下面的方法综合考虑了多种因素，如动物的体型、骨骼强度和身体状况等。

狗

双臂分别环抱狗狗腰部和颈部，将身体重心牢牢压在其身上，同时紧紧抓住其前腿。如果狗狗还是不停地挣扎，就让它伸展前腿，使其腹部紧贴地面，减少它的活动空间。这种方法非常适合讨厌打针的狗狗。

猫

紧紧抓住其四肢，并用手臂压住其颈部和大腿。可以根据其暴躁程度来调控力度。

爬行动物专家

这样做！

爬行动物大多是野生动物，不习惯与人接触。要掌握捉持它们的方法，首先要对这个物种进行充分的了解。

要细致地观察它们当下的状态。我们既不能弄伤它们，当然也不能伤到自己。

山田和久简介

爬行动物专家，十分擅长持握爬行动物和两栖动物中的大型危险动物。

4 爬行动物

巨蜥 ❶

它们牙齿锋利，脾气暴躁，千万不能掉以轻心

巨蜥体型很大，最大的可达2m以上，是每个男孩子都会向往的一种动物。很多人应该都想养一只。它们力气大，攻击性强。一生气就会甩动尾巴，甚至会飞扑过来。太危险了……

最要小心的是它们的嘴巴。虽然没有毒，但它们的牙齿非常锋利，可以轻易将撕咬的部位扯断，而且它们的嘴里有很多细菌，被咬到可能会引发严重后果。

其次是爪子。巨蜥体型如此之大却还能爬树，可见其爪子有多么尖锐——是可以将肉撕成碎块的哟！

最后是尾巴。它们长长的尾巴简直就像鞭子一样，要是被抽一下只是稍微肿一点还好……若是抱着半吊子的心态去尝试，显然会造成严重的后果。下面来好好学习一下持握方法吧！

> 小心它像挥舞鞭子一样甩动尾巴！

> 牙齿细小而锋利，被咬到的话会非常危险。

小·档案

体长 140 ~ 250cm

栖息地
东南亚地区的池塘和河流附近等（也会出现在有人的地方）

生态特点
以哺乳动物、鸟类、鱼类、虾蟹等动物为食。能很好地与人相处。可孤雌生殖，即单独的雌性也可进行繁殖。

> 爪子非常尖，小心你的肉被撕碎！

圆鼻巨蜥

步骤

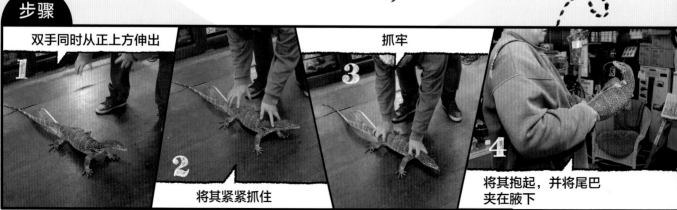

1 双手同时从正上方伸出

2 将其紧紧抓住

3 抓牢

4 将其抱起，并将尾巴夹在腋下

---

❶ 在中国，巨蜥不允许私人饲养。——译者注

这样抓！

白喉巨蜥

小档案

体长 150 ~ 200cm
栖息地
非洲大陆南部干燥的草原和岩石地带
生态特点
常以鸟类和哺乳动物为食。身上有一种特殊的甜味。环境温度太低时，白喉巨蜥会进入休眠状态，因此饲养时要注意温度的控制。

温顺的个体

即使脾气温顺，也可能在某个时候表现出敌意，所以同样需要小心。温顺个体的持握方法与暴躁个体相同，即两只手分别抓住其颈部和前爪、尾巴根部和后爪。只要采取这一基本姿势就能迅速将其抓住。要是被咬到可就糟了，所以千万要控制住它的脖子。

暴躁的个体

为了确保人和动物双方的安全，我们需要牢牢控制住脾气暴躁的个体。首先，为了不被咬伤或抓伤，要同时抓住其前爪和颈部、后爪和尾巴根部，然后把尾巴夹在腋下，以免在它疯狂甩动尾巴时被打到。一定要用这个姿势瞬间将其抓牢，否则就很容易受伤。

这样抓！

抓住尾巴根部，并将尾巴夹在腋下。

牢牢抓住脖子！

中型蜥蜴

中型蜥蜴中也有力量强大、不轻易放弃的家伙

如果你以为只要能抓住巨蜥就能轻松驾驭中型蜥蜴，那就大错特错了。中型蜥蜴和巨蜥完全不同，千万不能掉以轻心。即使是中型蜥蜴，下颌的力量也很强，牙齿又尖又细，被咬到的话同样十分危险。一旦咬到你，它就会像钻头一样来回旋转，直到把你的肉撕扯下来！

这样抓！

盾甲蜥

一不留神就开始像钻头一样旋转，不可大意！

小·档案

体长 40～50cm

栖息地

非洲大陆干燥热带草原上的岩壁附近，也会栖息于当地的蚁丘等地

生态特点

常以蟋蟀等昆虫为食。可适应温度和湿度的变化，能与人亲近，易于饲养。

不要对中型蜥蜴手下留情

脾气暴躁的中型蜥蜴非常难抓。虽然不用太在意它的爪子，但它总会回头咬你，一旦咬住就不会松口……中型蜥蜴耐力很强，不会轻易放弃抵抗。因此，要紧紧抓住它的脖子和尾巴，让它死心。不要手下留情。

这样抓!

中型鬣蜥

持握方法同上。抓中型鬣蜥的诀窍在于，要像谨防被咬一样小心它的爪子。只要牢牢抓住，它就会放弃挣扎，所以不用抓得太紧。没有经验的话，会很难找到合适的力度。

古巴鬣蜥

小·档案

体长 100 ~ 120cm
栖息地
古巴阳光充足的地方
生态特点
外形可怕，但喜食水果和植物，是草食性动物，容易与人亲近。是最可能灭绝的动物之一，受到严格保护。

豹纹守宫

轻轻放在手上，用拇指压住

虽然伞蜥等爬行动物过去也曾受到关注，但究竟是哪一种爬行动物得到了如此广泛的饲养呢？没错，就是豹纹守宫。

豹纹守宫的饲养人群范围很广，从艺人到小孩、男女老少皆有，就连在电车上或是在咖啡店里，也会有邻座的女生谈论这个话题！在机场，还有小孩问工作人员"能不能把它当作随身行李带上飞机"。对于35岁以上的人来说，这简直令人难以置信。

喜欢爬行动物的男生们，提升人气的机会来啦！好好学习一下在抓之前该如何接近和对待它们吧！

小·档案

体长 20～30cm

栖息地
中近东干旱地区，如沙漠和荒野

生态特点
一般能看到的豹纹守宫都是人工繁殖的，而非野生个体。它们易于繁殖，可食用昆虫和爬行动物专用饲料，所以很久以前就被当作宠物饲养。

步骤

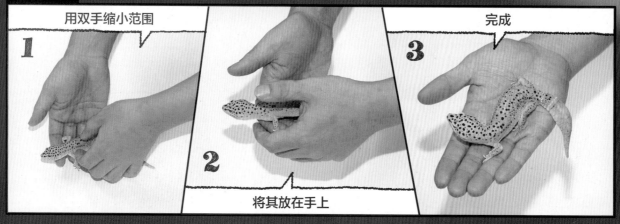

1 用双手缩小范围
2 将其放在手上
3 完成

这样抓！

一直都要"轻轻地"

　　豹纹守宫的正确抓法是什么呢？其实它们是很难抓住的。如果因挣扎而被压制，它们很可能会自断尾巴，有的个体还会突然转过头来咬你。因此，要轻轻地将其放在手上，然后用拇指轻轻地压住。总之，一直都要"轻轻地"。

大壁虎（蛤蚧）①

会发出"ge-koo"的叫声，漂亮又危险

在 东南亚旅行的时候，我们住在一家小屋旅馆。房间里每晚都回荡着奇怪的声音……虽然觉得好可怕又好讨厌，但还是鼓起勇气打开了灯……太吓人了！一只又大又漂亮的壁虎正趴在墙壁上面！妻子害怕得说不出话……女儿大声哭喊……这时如果不同它一决高下，作为男人的尊严何在？可我该怎么办呢？明明选了一家很好的小屋旅馆啊，这里很贵的！

即使是为了应对这种情况也要掌握正确的捉持方法。

用手指夹住其下颌两侧。

这样抓！

小·档案

体长 25～35cm

栖息地
东南亚地区和中国的民宅及其周边

生态特点
雄性会"ge-koo"地大声叫，该物种的拉丁名（*Gekko gecko*）便来源于此。在印度尼西亚，大壁虎被认为是幸运的动物。它们以蟋蟀等昆虫为食。

---

❶ 在中国，大壁虎是国家保护动物。——译者注

92

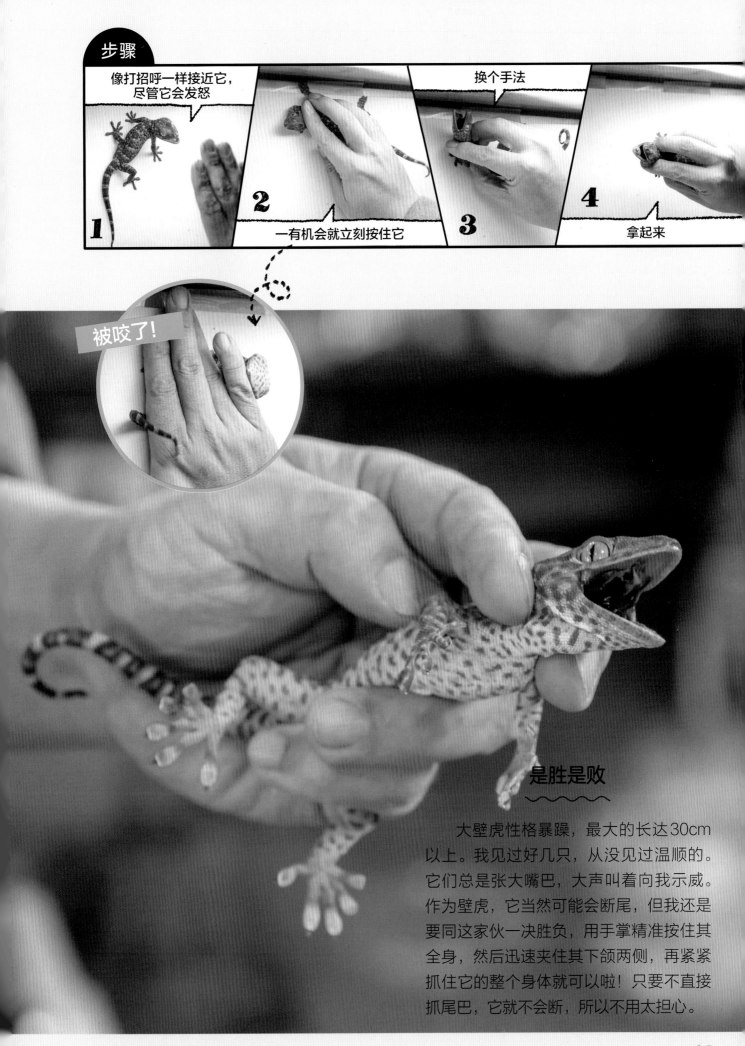

步骤

像打招呼一样接近它，尽管它会发怒

1

2

一有机会就立刻按住它

换个手法

3

4

拿起来

被咬了！

是胜是败

　　大壁虎性格暴躁，最大的长达30cm以上。我见过好几只，从没见过温顺的。它们总是张大嘴巴，大声叫着向我示威。作为壁虎，它当然可能会断尾，但我还是要同这家伙一决胜负，用手掌精准按住其全身，然后迅速夹住其下颌两侧，再紧紧抓住它的整个身体就可以啦！只要不直接抓尾巴，它就不会断，所以不用太担心。

中型无毒蛇

有的会咬人，有的有时会咬人，不过没有毒哦！

越是讨厌蛇的人，越容易碰到蛇，因为他们会警惕地观察可能有蛇的地方。这也是人类所具有的自我保护能力。只要能提早发现，就很容易避开。

但是，如果走路时不小心踩到，或是发现蛇在树上但又必须从树下经过的时候该怎么办？为了以防万一，一起来了解一下各种蛇的捉持方法吧！

步骤

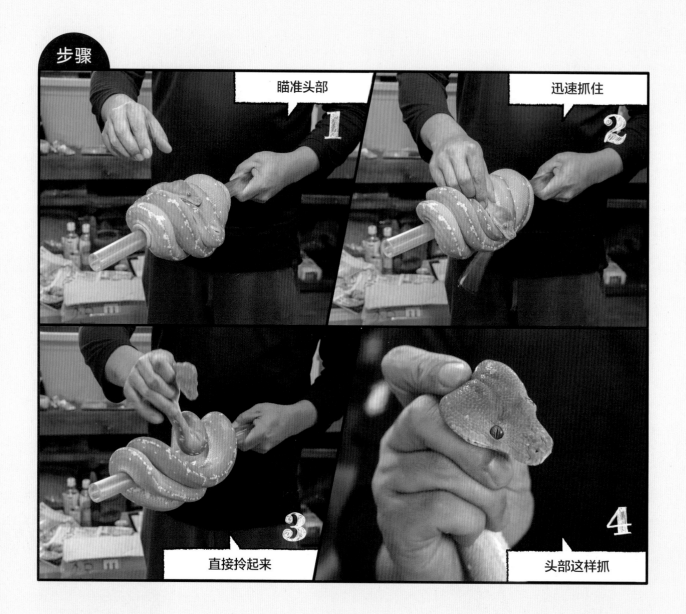

瞄准头部 **1**

迅速抓住 **2**

直接拎起来 **3**

头部这样抓 **4**

绿树蟒

这样抓！

小·档案

体长 120 ～ 180cm
栖息地
印度尼西亚和巴布亚新几内
亚等热带雨林里的树上
生态特点
几乎整天都盘在树枝上一动
不动。喜食哺乳动物和鸟类。
敏感爱咬人的个体很多。树
栖蛇的牙比陆栖蛇的长，被
咬到的话会很疼。

被绿树蟒咬到必会流血

　　绿树蟒等树栖蛇一定会咬人。虽然没有毒，
但是它的牙齿很长，被咬到的话必定会流血。因
此，首先要控制住它的头部。为了防止被咬到，
要采用"3指法"——将食指、拇指和中指分别
放在蛇的头顶和下颌两侧，然后紧紧抓住它的头，
只要将它的身体缠在胳膊上，让它稍微冷静一下，
就不会挣扎。准备放开它的时候，要先解开缠在
胳膊上的部位，最后再松开头部。

游蛇、半棱鳞链蛇
一定会咬人

半棱鳞链蛇

电视上经常播放那种艺人因被蛇咬伤而大吵大闹的节目。那些蛇一般都是半棱鳞链蛇。这种蛇生活在冲绳诸岛和奄美诸岛，性情刚烈，而且一定会咬人。因此，抓它们时也要捏住其头部，同时将身体后半部分拎起来。

这样抓！

小·档案

体长 90 ~ 140cm
栖息地
琉球群岛的森林、农田等地
生态特点
以爬行类、哺乳类、鸟类为食（甚至包括其尸体或卵）。脾气暴躁，一被抓就会咬人。

1 处于攻击状态的半棱鳞链蛇

步骤

时机不对，被咬到了！ **2**

3 这次一定要找准时机

4 一下按住其头部

5 捏紧其下颌两侧

被咬到也不过如此。

这样抓！

奶蛇

小档案

体长 50 ~ 190cm

栖息地
美国到南美之间的森林

生态特点
奶蛇的体色和花纹与有剧毒的珊瑚蛇十分相近。在美国，奶蛇从很久之前就被作为宠物饲养，奶蛇养殖业也很发达。

游蛇不咬人

很多人认为蛇都会咬人。其实不然，可以像这样轻轻抓住蛇身的下半部分，然后把它的尾巴缠在手臂上。让它的头部和身体上半部分自由活动，只需控制其前进的方向即可。但如果强行按住它的头部或者强行抓住的话，可能会被咬，所以还是小心为好。

蛇蜥

像蛇一样的蜥蜴，想逃跑时会像"钻头"一样旋转

爬行动物

体长　100 ~ 120cm
栖息地
欧洲干燥的地区
生态特点
虽然没有四肢，外观像蛇，
但的确是蜥蜴的同类。据
说寿命可超过40年。

这 是什么东西！虽然看起来很有魅力，
但却没有脚……是蛇吗？要是这样的
动物突然出现在眼前，谁都会想知道它的真
面目吧？要抓住这种长相怪异的动物，就必
须拿出比抓蛇和蜥蜴更大的胆量。首先，像
抓蜥蜴时那样找准腿的根部……可它没
有腿！那就像抓蛇时那样把它缠在胳膊上
吧……可它的身体很硬，根本缠不上！
　　对待这种动物就该用这种方法啦！

欧洲无足蜥蜴

非常帅气！

关键在于要辨别出脾气暴躁的家伙。

刚好的力度

　　简单来说，就是要用和中型蜥蜴一样的抓法。为了不让它扭头咬人，紧紧抓住其脖子附近和应该长着后腿的地方即可，尽管它没有腿……它会像钻头一样旋转来进行抵抗，所以很难控制。一旦它像钻头一样转动，就要注意手的位置，稍微减轻一些握力，让它自由旋转。它不会放弃抵抗，所以如果你先罢手的话就输了。

长颈龟 ❶

它的脖子很长，可能会从各个角度回过头来咬你哦！

这种脖子很长的乌龟，在一般人看来是非常令人毛骨悚然的动物，但却是在乌龟迷中拥有超高人气的乌龟。但是，这种高人气乌龟，竟然会咬人，脾气也很暴躁。要是遇到了该怎么拿起来呢？

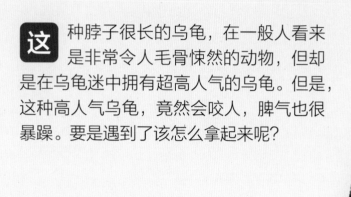

扁头长颈龟

会把长长的脖子伸出水面来呼吸新鲜空气。

会把头弯到背腹甲之间的这个地方。

小·档案

体长 25 ~ 35cm
栖息地
新几内亚岛、澳大利亚及托雷斯海峡部分岛屿的河流和沼泽地
生态特点
擅长游泳，以鱼类、虾蟹等为食。与生活在中国的乌龟不同，它无法把头缩进龟壳里，是只生活在大洋洲地区的曲颈龟中的一种。

---

❶ 在中国，长颈龟是国家保护动物，禁止私人饲养。——译者注

果然是这儿

一般来说，抓乌龟时只需抓住龟壳两侧即可，但对待这家伙这样做可不行。如你所见，它的脖子很长，所以它可以从任何角度来咬你。那抓龟壳后部好了，但它的腿部力量很强，爪子也很长，被爪子抓到的话会相当痛。在这种情况下，可以用一只手从下面托住腹甲，同时用另一只手抓紧脖子。

101

中华鳖（甲鱼）

要小心对待，它也会咬人哦！

爬行动物

紧紧抓住鳖甲后部。

小·档案

体长 50 ~ 80cm

栖息地
生活于河流、池塘和湖泊中，有些个体甚至会出现在海洋中

生态特点
体形大，雌性尤甚。以鱼类、虾蟹等为食。

"一旦咬上，天塌了都不会松口。"大家耳熟能详的中华鳖居然是这样的！中华鳖的脖子非常长，动作十分迅速。它脾气暴躁，动不动就咬人。它的下颌力量非常强大，如果被咬到肯定会受重伤。在小小的沼泽和公园的池塘里也能看到中华鳖。要是遇到了，抓它的时候一定不要被咬到。虽说被咬到的话有时确实很难将其拿开，但"天塌了都不会松口"多少有些夸张。只要让它的四足着地，或者将其放进水里，就能轻松拿开啦！安心上手尝试一下吧！

102

千万不要被咬到

中华鳖作为宠物很受欢迎，但对待它们要非常用心哦！千万不要被咬到。一般情况下用双手紧紧抓住其甲壳后部即可。但这种方法不适用于它暴躁起来的时候。此时就用手指牢牢捏住后腿根部，抓着腹甲将其拿起来吧！

用手指牢牢捏住后腿根部，并抓住腹甲。

非洲鳖

这只虽然体型小，但咬人很厉害！

103

应用篇 危险动物！

学习了各种动物的捉持方法之后，是不是想要测试一下自己的能力了？

只要好好运用前面介绍的技巧，就没有抓不住、拿不起的动物。

但是，有些动物是绝对不能尝试的。比如毒蛇、蟒、鳄鱼……这些危险动物。

虽然不太可能在路上遇到它们，但为了以防万一，我在伊豆的iZoo动物园练习了一下这类危险动物的捉持方法。

其中危险程度最高的动物也是日本最危险的动物，我能够抓住多亏白轮园长的帮忙！

又大又快的中华鳖

中华鳖有大有小。体型越大，咬人的力度就越大，而且它们在水中速度也不会变慢，所以危险程度更高。要是它长到了这个体型，被咬到的话估计连骨头都得被扯断。因此，为了不被咬到，要绕到其身后，猛地抓住它的后腿，然后直接将其拎起来，注意不要让它咬到你的腿。

非常帅气的"仇人"鳄龟

鳄龟因其帅气的外表大受欢迎，但它的脾气相当暴躁，只要看到眼前有正在移动的东西，就会一口咬住，发起猛攻。为了不被咬到，抓鳄龟时要从其身后靠近，然后用力抓住龟壳前后部位将其提起。要使它的头部朝向前方，这样不管它怎么挣扎，都不会咬到你。

就算有受虐倾向也不能去抓蟒

　　不要自己一个人去抓蟒！即使人家没有要吃你的意思，一旦被它缠上，你自己一个人是很难脱身的。蟒本来就是先把猎物勒死再吞进肚子里的，所以你越挣扎，它就勒得越紧。即使你有受虐倾向，一个人去也还是太危险了。要想抓住蟒，至少要两个人一起上。一个人紧紧抓住它的尾巴，另一个人抓住它的头部控制其行动。为了防止它一时兴起突然咬你，还是控制住它的头比较保险。如果是小一点的蟒，想一个人拿也是可以的，但一定要让同伴在附近等待，否则也会很危险的哦！如果有两个人的话，还可以玩玩缠脖子这种"低级游戏"。

像围巾一样？

白轮园长

一定会咬人的蚺蛇！

　　如果被蚺蛇咬住而又用力挣脱的话，被咬到的肉就会被撕成碎片，痛得要命，所以我很讨厌被蚺蛇咬到。但蚺蛇是一定会咬人的，因此要迅速抓住它的头部。当然，为了让它能够呼吸，还得稍微留点余地。将头直接抬起来就好。蛇的皮肤光滑，不容易抓住，戴上皮手套效果会更好哦！这样，即使被咬到，也能稍微起到一点防护作用。

蛇钩

抓毒蛇要采用"3指法"

　　毒蛇种类繁多，但抓法基本一致。即用拇指和中指夹住下颌两侧，防止它们扭动头部，同时用食指按住其头顶，用这种"3指法"去抓就不会被咬到。只要控制住它的头，然后将其尾巴和身体绕在蛇钩上，让它平静下来，它就不会那么暴躁了。

步骤

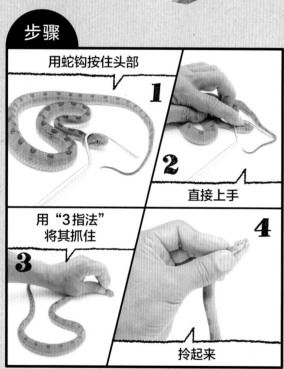

用蛇钩按住头部

1

2

直接上手

用"3指法"
将其抓住

3

4

拎起来

唾蛇会喷射毒液，
所以要戴上护目镜，
保护好眼睛。

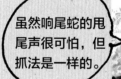

虽然响尾蛇的甩
尾声很可怕，但
抓法是一样的。

毒蜥是个热乎的家伙

　　有毒的不只是蛇！有些蜥蜴也是有毒的。毒蜥的捉持方式和其他蜥蜴一样，同样是抓住头部和尾巴根部。被太阳晒得浑身暖乎乎的家伙攻击性很强。为防万一，饲养员会给抓头的那只手戴上皮手套。

鳄鱼的力量十分惊人

　　一般来说，抓小鳄鱼时可以采用抓蜥蜴的方法，只需抓住其头部和尾巴根部即可。但这种方法对大鳄鱼是行不通的。我们要一边小心它强有力的尾巴，一边踩住它的头，同时用橡皮筋捆住它的嘴巴，这样就不会有被咬的危险了。虽然它嘴巴咬合的力量很强，但张嘴的力量很弱。接下来，只要两个人一边小心留意它的尾巴一边将它抬起来就可以了……诀窍是绝对不要手下留情或者疏忽大意。啊，这种大小的鳄鱼有点抬不动啊！

步骤

将圆环套在脖子上　　1
将其拖出来　　2
踩住头部以免被咬　　3
用橡皮筋把嘴巴捆住　　4
这样就可以放心了　　5
等它稍微平静一些后　　6
两个人一起用力将其抬起来　　7

结　语

　　从小就很喜欢动物，什么都抓来养，曾被咬伤、被扎伤，也曾因为自己的无知而导致动物死去……

　　像这样对动物充满兴趣、有很多亲身体验的人，长大后也会不知不觉地保护动物所生存的环境。

　　这也是我的亲身经历。

　　现在，关于动物和自然的教育往往从"保护"的角度出发，将"爱护""珍惜"放在首位。在这样的教育下，一般来说是不可以捕捉动物并进行饲养的。

　　渐渐地，孩子们开始认为动物是不可捕捉的，他们对动物的关心也变成了所谓的"保护"。这样做导致的结果就是：孩子们对动物变得一无所知。

　　孩子们的心本不该只听从大人强加给他们的想法。他们应该在失败、伤心、痛定思痛中不断学习。比起别人教的东西，自己从失败中学到的东西更容易掌握，自己也更能理解其真正的意义。

　　在我看来，单纯的守护等同于不关心。我不会只向孩子传达保护动物这种"高尚"的理念。相反地，当动物出现在我眼前时，我可能会抓住它，然后展示给孩子们看。

"动物可以像这样抓哦！"

"这样一抓动物就会示弱哦！"

"这样抓的话手指会被夹到，很痛的哦！"

"我们把这个动物养起来观察一下吧！"

"如果不好养，就把它放了吧！"

一边这样教孩子，一边带着他们在野外活动中接触动物，和他们一起玩耍。野营或烧烤过后，如果把哪里弄脏了，就对他们说要收拾干净才能回家哦！

我衷心地希望能有越来越多沉着冷静的成年人可以把这种理所当然的事情潇洒地说出来。我想，了解动物的捉持方法也可以帮助孩子们成长为沉着冷静的人。

从现在起，让我们大胆抓起身边的小动物，为成为更优秀的人而努力吧！

动物摄影师　松桥利光